精品京味鲁菜

杜鹏程 主编

国家一级出版社　中国纺织出版社　全国百佳图书出版单位

图书在版编目（CIP）数据

精品京味鲁菜 / 杜鹏程主编. —北京：中国纺织出版社，2019.7

ISBN 978-7-5180-6050-4

Ⅰ. ①精… Ⅱ. ①杜… Ⅲ. ①鲁菜—菜谱 Ⅳ. ①TS972.182.52

中国版本图书馆CIP数据核字（2019）第055741号

责任编辑：国 帅 韩 婧　　责任校对：江思飞　　责任印制：王艳丽

中国纺织出版社出版发行
地址：北京市朝阳区百子湾东里A407号楼　邮政编码：100124
销售电话：010—67004422　传真：010—87155801
http://www.c-textilep.com
E-mail:faxing@c-textilep.com
中国纺织出版社天猫旗舰店
官方微博http://weibo.com/2119887771
北京华联印刷有限公司印刷　各地新华书店经销
2019年7月第1版第1次印刷
开本：889×1194　1/16　印张：8
字数：86千字　　定价：88.00元

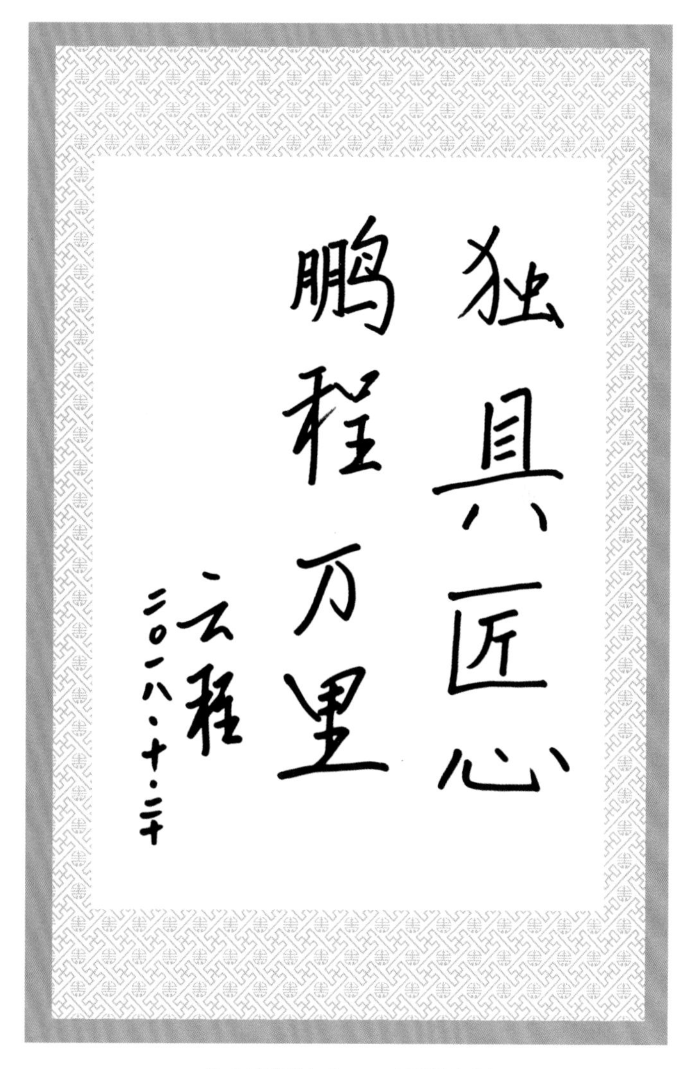

北京烹饪协会——云程会长

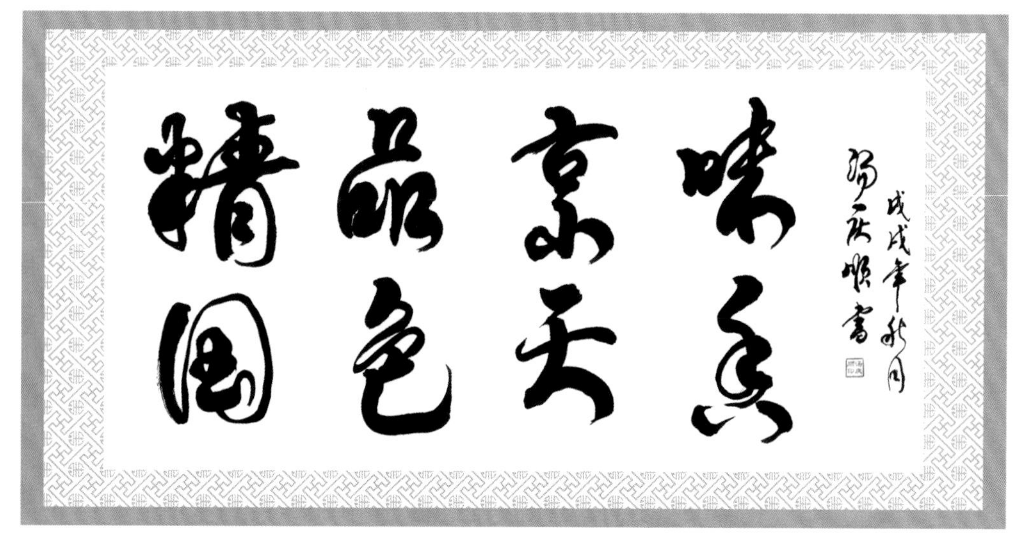

北京餐饮行业协会——汤庆顺会长

贺杜鹏程《精品京味菜点》问世

烹坛耕耘

匠心独具

段凯云

二〇一八年十二月

北京烹饪协会——段凯云秘书长

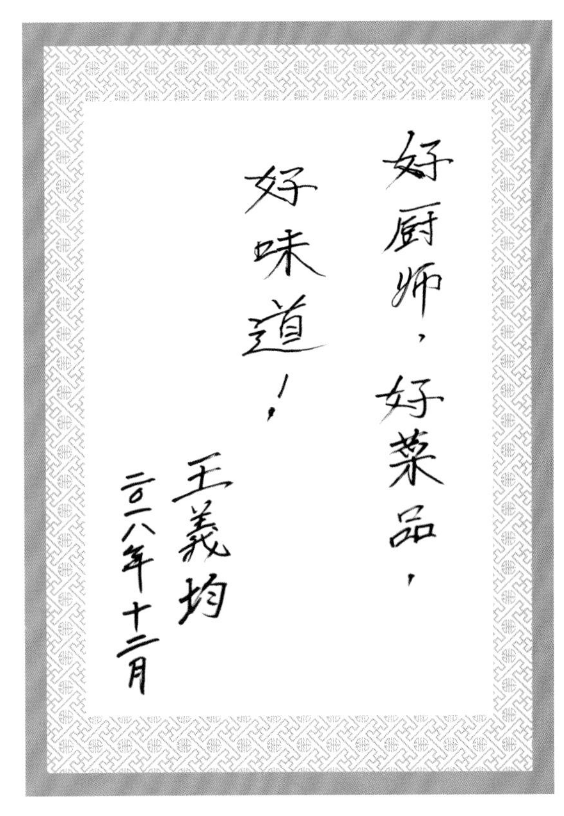

国宝级烹饪大师、鲁菜泰斗——王义均先生

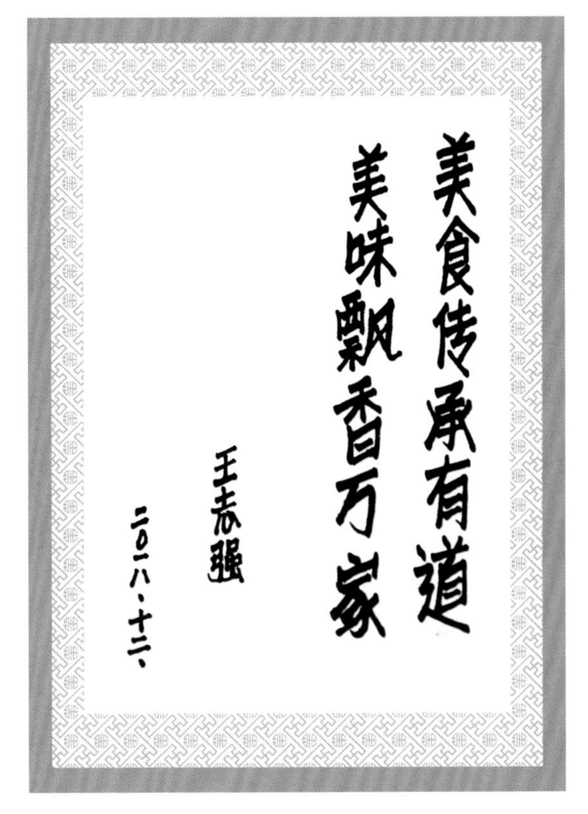

国宝级烹饪大师、面点泰斗——王志强先生

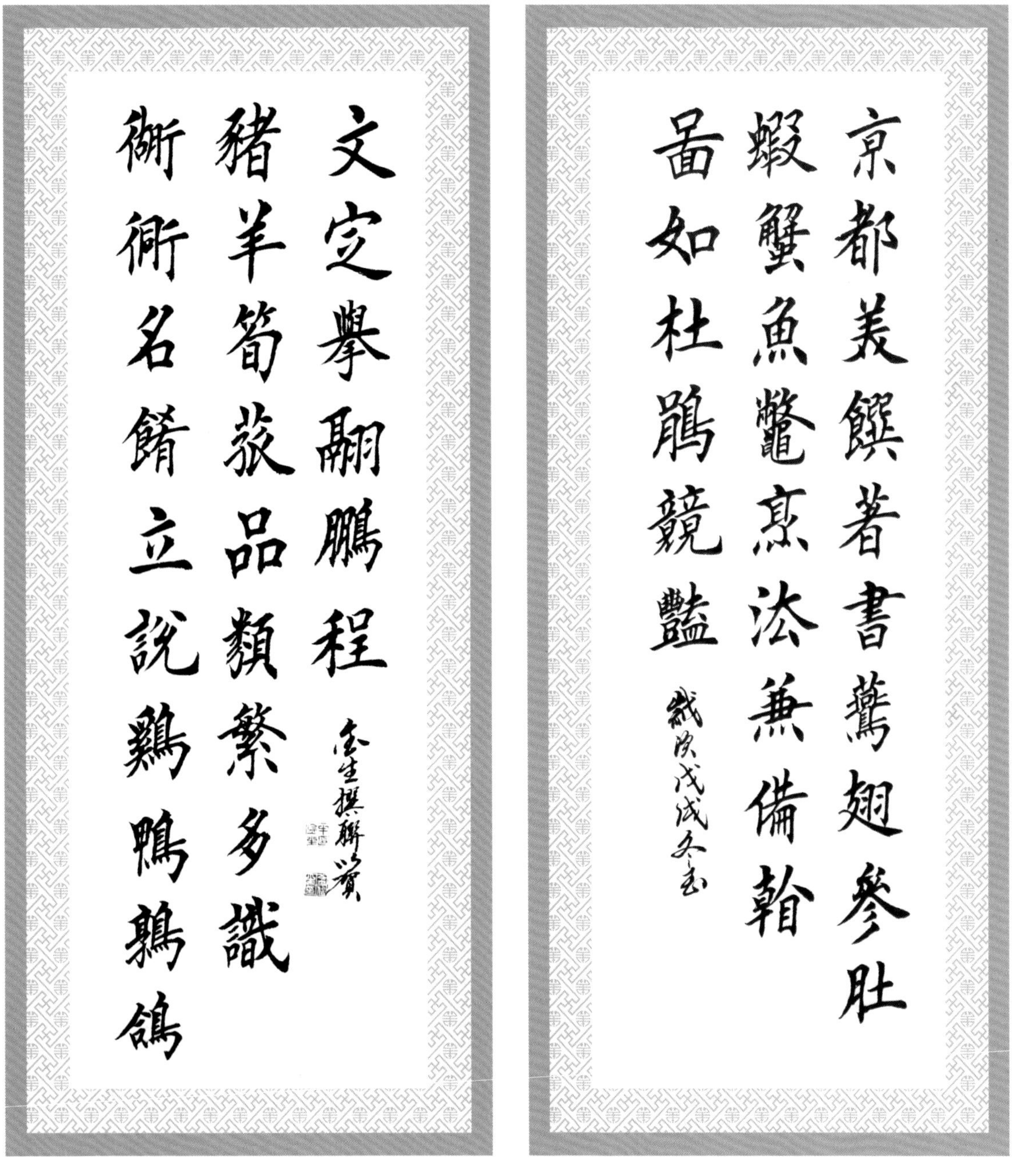

京都美饌著書鶩翅參肚
蝦蟹魚鼈烹汆兼備翰
畐如杜鵑鏡鑑

歲次戊戌冬至

文定擧翮鵬程
猪羊筍菰品類繁多識
衚衕名餚立説鷄鴨鵝鴿

金生撰聯贊

中国烹饪大师——牛金生先生

传承美味
匠心永在
屈浩 二〇一八年十二月

国际烹饪艺术大师、北京屈浩烹饪学校校长、恩师——屈浩先生

匠心精神
美味佳肴
戊戌秋月 启文

国家级著名书法家、一笔轮廓书法创始人——徐启文先生

序言

十九大报告中提出要“建设知识型、技能型、创新型劳动者大军，弘扬劳模精神和工匠精神，营造劳动光荣的社会风尚和精益求精的敬业风气”。餐饮行业的发展离不开知识，这是促进行业持续、稳定发展的力量之源；餐饮行业的发展离不开技能，这是服务大众、提升行业品质的直接动能；餐饮行业的发展离不开创新，这是推动行业转型升级、高质量发展的根本动力；餐饮行业的发展更加离不开职业精神，这是维持行业健康、协调发展的重要保障。餐饮行业中新时代工匠精神应该包含行业知识的积累、行业技能的掌握、创新能力的发展以及职业精神的塑造。

杜鹏程大师从业二十六年，是融合菜匠人中的翘楚，从初始学徒到独立研究新京菜再到收徒授业、出书传道，无不体现了一位餐饮匠人在多年从业实践过程中对知识孜孜不倦的求索，对技能持之以恒的打磨，对创新开放融合的追求，对职业道德坚定不渝的秉持。他主编的新书《精品京味鲁菜》是在鲁菜基础上，融合了新消费特点，精选了一百道特色精品京味鲁菜，力求将自身在餐饮实践中的所得、所悟传播到行业之中，推广到行业之外。

是以为序，希望餐饮从业者能够发扬工匠精神，以技术为基础，以知识为动力，以职业道德为保障，结合新时代特点，通过融合发展不断提升行业运营效率，弘扬、传承、发展中华传统文化，服务消费者对美好生活的向往，最终实现行业高质量创新发展。

韩明

中国饭店协会会长

2019年4月

目录 CONTENTS

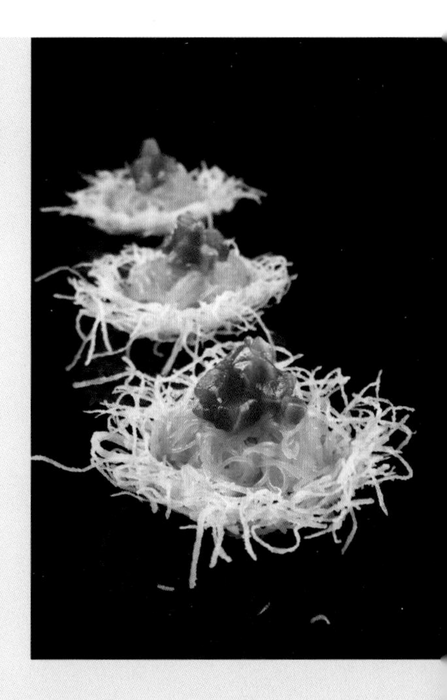

第二章 精品凉菜

第三章 精品汤羹

第四章 精品点心

第一章

精品热菜

干炸小丸子

主料　猪肉馅（肥瘦各半）

辅料　葱姜水

调料　红薯粉　干黄酱　五香粉　香油　精盐　花椒盐　色拉油

制作流程

1. 将红薯粉、葱姜水、干黄酱、五香粉、香油、精盐混合后搅拌均匀，倒入猪肉馅翻拌均匀，放入冰箱冷藏30分钟。

2. 锅上火，放入油烧热，下入丸子，定形后转微火炸3分钟左右（期间要将丸子反复捞出，轻轻拍打），再上旺火，炸至外焦里嫩呈枣红色时，用漏勺捞出控油装盘即可，吃时蘸花椒盐。

外焦里嫩。

制作关键　制作肉馅时不要用力搅拌，不要让猪肉馅上劲。

葱烧海参

主料　水发海参

辅料　葱段　葱米　姜米　姜汁

调料　白糖　湿淀粉　酱油　料酒　味精　精盐　糖色　糊葱油　猪油　清汤

葱香味浓郁，海参柔软香滑，鲜而不腻。

制作流程

1. 将海参清洗3~4次，洗干净。锅里倒入适量清水，下入海参烧开，煮透捞出，控净水。

2. 炒锅内放入猪大油，油烧至八成热时，下入葱段炸至金黄色时捞出放入碗里，加入清汤、酱油、精盐、白糖、料酒，上蒸箱蒸10分钟取出备用。

3. 汤锅上火倒入汤，开锅后加入海参、料酒、酱油、姜汁、精盐、白糖、味精煨至入味，捞出控汤备用（过程叫渡）。

4. 汤锅上旺火，放入猪大油，烧到八成热时，下入白糖，炒至金黄色，下入海参、葱米、姜米、清汤、酱油、料酒、姜汁、精盐、白糖，兑好汤，烧开，移至微火烧2~3分钟，汤汁烧去2/3，再上旺火调入糖色、味精，边颠勺边用湿淀粉勾芡，翻勺倒在盘里，勺再回到火上，放入糊葱油和葱段烧热，浇在海参上即成。

能不忆

九转大肠

主料　大肠头

辅料　香菜　葱　姜　花椒

调料　白糖　精盐　胡椒粉　米醋　料酒　二锅头　清汤　色拉油　酱油　砂仁粉

制作流程

1. 大肠头去油清洗干净，将大肠来回套2次，这样大肠比较挺实。

2. 套好的大肠冷水下锅，放葱、姜、花椒煮开，倒入适量二锅头，蒸2小时，大肠蒸好后，捞出晾凉，切成2.5厘米左右的圆柱。

3. 大肠焯水，捞出抹点酱油，放入七成热的热油中大火炸一下上色。

4. 锅中油倒出，留底油炒糖色，加清汤放入大肠，加入白糖、精盐、料酒、米醋、胡椒粉，小火烧至入味，收汁，出锅前撒上砂仁粉，装盘撒上香菜点缀即可。

外皮酥脆，内里软嫩。色泽红润，兼有酸甜香辣咸五味。

制作关键

套大肠不可套破肠壁，另外糖色一定要炒好，收汁要把握好火候。

金牌牛掌

主料　牛掌

辅料　鸭饼　葱丝　黄瓜条　自制牛肉酱　白萝卜　芹菜　干辣椒段　葱　姜　蒜　香料包（花椒　八角　桂皮　草果　白芷　白豆蔻　红豆蔻　丁香　小茴香　香菜籽　香叶　迷迭香）

调料　精盐　味精　六月香干黄酱　料酒　二锅头　色拉油　老汤

制作流程

1. 生牛掌洗净在牛掌内侧改十字刀，深度为漏出蹄筋为止。

2. 不锈钢桶加入清水、料酒、二锅头、葱、姜、白萝卜、芹菜、改好刀的牛掌，小火煮至五成熟捞出，去除牛掌的腥膻味。

3. 炒锅内放入色拉油烧热，爆香葱、姜、蒜、干辣椒段，加入香料包材料，所有香料一起炒香，装入料布袋内。

4. 不锈钢桶内加入老汤，把香料包放入老汤桶内，加精盐、味精、六月香干黄酱、料酒、二锅头调好口味，牛掌用纱布包裹好放入桶内一起卤熟入味，取出装盘，配鸭饼、葱丝、黄瓜条、自制牛肉酱即可。

色泽红亮，入口软糯，营养丰富。

制作关键

1. 牛掌在内侧改花刀时深度要恰到好处，卤熟的牛掌蹄筋会自然漏出来，非常漂亮。

2. 牛掌要先去除本身的腥膻味，再卤制入味。

炸烹虾仁

主料　虾仁

辅料　大葱丝　姜丝　蒜片　香葱段

调料　精盐　味精　鸡粉　白糖　米醋　料酒　香油　玉米淀粉　蛋清　姜汁　清汤

制作流程

1. 虾仁选用去皮青虾仁，去虾线清洗干净，加精盐、味精腌制，用玉米淀粉挂浆待用。

2. 碗中放入料酒、米醋、味精、精盐、姜汁、葱丝、姜丝、蒜片、少许清汤制成烹汁。

3. 制作虾糊：用玉米淀粉加适量的水搅拌均匀加入色拉油（油约是水的一半），然后再搅拌均匀，稀稠要合适。

4. 热锅加入色拉油烧至七成热，把虾仁均匀地粘上虾糊一个一个地下入锅中，炸至外酥里嫩捞出控油。

5. 净锅放在旺火上烧热加入少量的色拉油，把炸好的虾仁放入锅中，倒入烹汁，迅速翻炒，出锅前淋上香油，装盘即成。

外焦里嫩，口味鲜香。

黑蒜臊子烧蹄筋

主料　熟蹄筋

辅料　黑蒜　五花肉粒　葱姜蒜米　青蒜叶　小油菜心

调料　油　豆瓣酱　一品鲜　味精　白糖　老抽　湿淀粉　葱油　清汤

制作流程

1. 熟蹄筋，小油菜心分别焯水备用。

2. 锅内加入底油，加入豆瓣酱，煸出香味，放入五花肉粒炒香，放入葱姜蒜米、蹄筋、黑蒜、一品鲜、味精、白糖（少许）、老抽，加入清汤烧至入味。

3. 湿淀粉勾芡，加入青蒜叶，淋葱油即可。

咸鲜微辣，臊子香味浓郁。

糟熘鱼片

主料 净鱼肉

辅料 水发木耳 鸡蛋清

调料 糟酒（香糟加黄酒、糖桂花调制） 精盐 味精 白糖 湿淀粉 鸡油 清汤 鸡粉 葱姜水

制作流程

1. 鱼肉改刀成长6~7厘米、宽2~3厘米、厚0.5~0.7厘米的片，鱼片里加精盐、蛋清、葱姜水、湿淀粉使其上浆。
2. 将木耳焯水装盘，鱼片焯水倒入漏勺控水。
3. 净锅上火，加入清汤，加适量的糟酒，加精盐、味精、白糖调味，鱼片放入锅中勾芡出锅，鱼片摆放盘中，锅中余下的汤汁加少许色拉油均匀地浇在鱼片上即可。

咸鲜回甜，鱼片醇香鲜嫩。

制作关键

1. 鱼片改刀时要去掉鱼红，鱼片不能太薄，上浆要厚，掌握好芡汁的浓稠度。
2. 勾芡前可再放一次糟酒，称作二次投糟。

干烧鱼

主料　鲤鱼

辅料　五花肉　香菇　冬笋　青蒜粒

调料　花生油　干辣椒丁　料酒　精盐　白糖　米醋　葱姜水　糖色　高汤

制作流程

1. 将鱼刮鳞去鳃，去鳍，开膛取净内脏洗净，热水（约80度）烫去黑膜，鱼身两面剞斜一字（刀距1厘米），鱼尾切十字刀，五花肉、香菇、冬笋切0.8厘米见方的丁。

2. 炒锅上火，放入花生油烧至七成热时下入鱼炸透，捞出控油。

3. 炒锅上火，放入花生油烧热，下入五花肉丁、香菇丁、冬笋丁、干辣椒丁、糖色，炒熟后放入炸好的鱼、料酒、葱姜水、米醋、白糖、高汤，旺火烧开，转微火烧40分钟入味（中间要把鱼翻一次身），将鱼盛在盘里，将剩余汤汁加入花生油少许，收浓稠，浇在鱼身上，将青蒜粒放在汤勺里稍微煸炒撒在鱼身上（不要撒在鱼头上即成）。

色泽红亮，肉质软嫩，味道鲜香。

胶东风情

主料　馓子

辅料　香葱　鸭饼　生菜

调料　黄豆酱　虾皮　自制西瓜酱

制作流程

1. 馓子摆盘，小碗中分别放入黄豆酱、虾皮、自制西瓜酱置于盘子上。

2. 将洗净的香葱、鸭饼、大叶生菜分别放于适宜容器中，上桌即可。

风味独特，馓子香脆可口。

制作关键　馓子炸后，晾凉后再密封保存，仿止受潮不酥脆。

芫爆肚丝

主料　猪肚

辅料　香菜段　葱丝　蒜片　大葱　姜　姜汁

调料　精盐　味精　胡椒粉　料酒　米醋　香油　色拉油

制作流程

1. 将猪肚清洗干净，水中加葱、姜、料酒，放入猪肚煮熟，切丝备用。

2. 锅内加油烧至七成热，把肚丝用热油滑一下盛出。

3. 香菜段、葱丝、蒜片、精盐、味精、鸡粉、胡椒粉、姜汁、醋、料酒放入碗中，调成清汁。

4. 锅内放入底油，烧至八成热，倒入调好的清汁，稍加搅拌后，下入肚丝，迅速翻炒均匀，装盘淋上香油即可。

菜色白绿相间，口味鲜咸，肚丝柔韧，香菜味浓。

酱香黄瓜钱

主料　黄瓜

辅料　五花肉丁

调料　六月香豆瓣酱　八角　花椒　干辣椒段儿　老抽

制作流程

1. 黄瓜顶刀切成0.4厘米左右的片。

2. 黄瓜片中放入精盐腌制片刻，用纱布将黄瓜片包起来，上面放重物，把水分压出来。

3. 锅中放入油，加入葱、姜、蒜、干辣椒、五花肉丁、八角、花椒、六月香豆瓣酱爆香，放入黄瓜片翻炒几下出锅装盘即可。

黄瓜口感爽脆，酱味浓厚。

制作关键

黄瓜必须用盐腌一下，然后用纱布包起来，上面放重物压干水分，这样加工处理的酱黄瓜才脆爽。

酱香鲍鱼

主料　鲜鲍鱼

辅料　杏鲍菇　甜蜜豆粒　彩椒

调料　甜面酱　六必居干黄酱　味精　葱姜蒜片　生粉　猪大油

制作流程

1. 鲜鲍鱼洗刷干净，打十字花刀后切粒。

2. 杏鲍菇切菱形块，大小要均匀；彩椒切块，甜蜜豆拨出甜豆米待用。

3. 锅内下入色拉油，烧热下入杏鲍菇炸成金黄色捞出待用；鲍鱼焯水；甜蜜豆、彩椒焯水。

4. 锅内下入猪大油，下入甜面酱、干黄酱炒香，放葱姜蒜片，再将炸好的杏鲍菇和焯过水的鲍鱼、甜蜜豆、彩椒一同下入锅，翻炒均匀装盘即可。

咸鲜微甜，酱香突出。

制作关键　鲜鲍鱼焯水时不要时间过长，否则容易变老，影响口感。

花雕红烧肉

主料　精选五花肉

辅料　西蓝花　大葱　香葱　姜　蒜仔　干葱

调料　五年花雕酒　生抽　冰糖　蜂蜜　精盐　南乳汁　料酒　水

制作流程

1. 将五花肉洗净，加入大葱、姜、料酒放蒸箱里蒸45分钟，取出，用高压锅压制2小时后，再用刀改成大小一样的四方块。

2. 起锅放香葱、姜、蒜仔、干葱、花雕酒、生抽、冰糖、蜂蜜、精盐、南乳汁、水，烧开锅后加入改好的红烧肉，再次开锅后烧制1小时，改中火收汁。

3. 西蓝花焯水备用，烧好的红烧肉装盘，边上围上西蓝花即可。

红烧肉肥而不腻，口感润滑，酒香浓郁。

奶汤丝瓜花胶肚

主料　鱼肚

辅料　丝瓜　鲜虫草花　老母鸡　猪净肉　棒骨　龙骨

调料　精盐　味精　鸡粉　鸡汁

制作流程

1. 奶汤：老母鸡2只，净肉2000克，棒骨1500克，龙骨1500克小火吊制6小时。
2. 鱼肚凉水泡制12小时，上蒸锅蒸制15分钟，放入凉水中浸泡8小时。
3. 丝瓜去皮切成5厘米的长段，焯水备用，锅内下入奶汤调味，下入虫草花、丝瓜煮1分钟即可，盛入碗中。
4. 鱼肚用奶汤煲制入味，盛入丝瓜碗即可。

奶汤味浓清爽，营养价值高。

飘香龙虾干

主料　小龙虾虾干

辅料　香芹丁　红小米椒　大馒头

调料　蒸鱼豉油　生抽　老干妈酱　味精　糖　鸡粉　葱片　姜片　蒜片　吉士粉　干生粉　红油

制作流程

1. 大馒头自然解冻后，上蒸箱蒸熟，放凉炸制金黄色备用。
2. 虾干焯水后撒上吉士粉、干生粉拌匀备用。
3. 锅底放红小米椒、葱片、姜片、蒜片爆香，倒入虾干和香芹，放入豉油汁、生抽、味精、糖、鸡粉、老干妈酱、红油，翻炒几下出锅，将虾干盛放在炸好的大馒头上装盘即可。

口味特点　干香微辣，色泽艳丽。

制作关键

1. 大馒头买回时必须自然解冻后，入蒸箱蒸熟才可使用。
2. 虾干必须拍吉士粉、生粉炸成金黄色，这样成品才能突出虾干的酥脆。

京味排骨

主料　排骨

调料　酱油　陈醋　生抽　冰糖　干葱　姜　蒜仔　八角　桂皮　香叶　色拉油　精盐

制作流程

1. 将猪排冲洗干净焯水。

2. 加水、八角、桂皮、香叶、精盐、味精、鸡粉煮熟即可。

3. 锅内加油，将油烧热，然后把排骨用热油炸一下，去除水分。

4. 将油倒出，锅内留底油，将排骨汁熬稠，放入排骨翻均匀装盘即可。

酱甜醋香。

制作关键

熬制排骨汁注意火候，排骨不能煮的太过，影响口感，火候一定要够，炒出锅气。

熬制排骨汁

酱油25克、生抽25克、陈醋25克、冰糖25克；干葱、姜、蒜适量。

奶汤虾干煮茭白

主料　茭白　奶汤

辅料　鲜虾　甜蜜豆仁　小葱

调料　精盐　味精　鸡粉

制作流程

1. 将茭白切丝焯水，蜜豆焯水备用。
2. 把鲜虾放微波炉用高火处理2分钟做成虾干。
3. 小葱绿切细丝炸干备用。
4. 锅内倒入奶汤，放入精盐、味精、鸡粉，然后将茭白丝、蜜豆、虾干放入锅中煨煮入味，装盘放上小葱丝即可。

咸鲜，汤味醇厚。

制作关键

茭白丝一定要切得粗细均匀，而且要细一点，方便入味。

甲鱼捞饭

主料　黄皮甲鱼

辅料　大葱　姜　蒜仔　香米饭　鸡汤

调料　色拉油　精盐　味精　白糖　鸡粉　白酒　料酒　辣妹子酱　东古酱油　蚝油　老抽　干辣椒　八角　花椒　黑胡椒碎

制作流程

1. 将甲鱼宰杀，处理干净，焯水。

2. 锅里倒入色拉油，放入干辣椒、八角、花椒、葱、姜、蒜仔，爆香，然后放入甲鱼，加入白酒、料酒、东古酱油、辣妹子、老抽、蚝油，翻炒几下，倒入鸡汤，加精盐、味精、鸡粉、糖调味，炖至入味，收汁出锅。

3. 碗中盛入香米饭，把烧好的甲鱼放在上面，撒上黑胡椒碎即可。

香味浓厚，营养丰富。

制作关键　甲鱼宰杀后要用热水烫一下以除去表皮的黏膜。

黄金蟹钳

主料　冰鲜青虾仁　蟹钳

辅料　五角星面包糠

调料　精盐　味精　糖　鸡汁　鸡粉　香油　蛋清　生粉

制作流程

1. 将青虾仁、蟹钳解冻化开，用毛巾吸干虾仁水分，入搅馅机中搅成虾胶。

2. 将虾胶放入盆中，放入精盐、味精、糖、鸡汁、鸡粉、蛋清、香油、生粉搅拌上劲，放入冰箱冷藏1小时取出。

3. 取出虾胶制成75克大的圆球，插上解冻好的蟹钳，裹上面包糠放入清油锅中炸制成金黄色捞出摆盘即可。

色泽金黄、外酥脆里鲜嫩、味道鲜美。

制作关键

油温要控制在三四成熟的程度，慢慢浸炸、炸熟、炸透，切记火不要太大，要保持面包糠炸成金黄色，不要炸过。

京城小炒肝

主料　猪肝

辅料　韭菜

调料　自制炒肝酱　黄酒　香油　淀粉

制作流程

1. 猪肝切4毫米厚片入水洗干净，取出吸干水分加淀粉腌制好备用，韭菜切3厘米段备用。

2. 锅内热油至八成油温下猪肝打散，炸制5秒倒出。

3. 控净锅内残油加入少许香油打底，加入炒肝酱，加少许黄酒大火炒至起泡后关小火，下猪肝用酱裹均匀，然后放入韭菜开大火翻炒5秒出锅装盘即可。

口味特点　酱香浓郁，外焦里嫩。

制作关键

1. 猪肝在翻炒过程中不易久翻，否则会发污影响菜品成色。

2. 猪肝腌制过程中一定要将水分吸干，否则易脱粉，炸制过程中达不到外焦里嫩的效果。

Tips　炒肝酱调制

海鲜酱1000克、柱候酱500克、蚝油300克、甜面酱1250克、白糖450克、味精200克、黄酒250克。

扒驼掌

主料　冰鲜驼掌

辅料　油菜心　葱　姜　蒜　洋葱　二汤

调料　精盐　味精　糖　鸡粉　鸡汁　蚝油　老抽　生抽　香料包（香叶　桂皮　白蔻　干辣椒　花椒　八角　草果）

制作流程

1. 将冰鲜驼掌解冻化开焯水备用。

2. 锅起油将大葱、姜、蒜、洋葱爆香，放入香料包材料，翻炒，用纱布包好成为香料包。

3. 找一个干净的吊汤桶放入二汤，加入精盐、味精、糖、老抽、生抽、鸡粉、鸡汁、蚝油搅拌均匀备用。

4. 把焯好水的驼掌放入汤桶内，小火煮1小时左右捞出。

5. 将油菜心焯水摆盘，在将煮好的驼掌放在油菜心中间，锅内煮驼掌的原汤调色勾芡浇到驼掌上即可。

色泽红亮，酱香浓厚，口感软糯。

制作关键

1. 驼掌一定要小火慢煲，煮熟煮透入味。

2. 掌黄外有一层筋，很难咬动，加工时应去除。

油焖虾

主料　活白沙虾

调料　番茄沙司　橙汁　糖　白醋　精盐　味精　色拉油　生粉

制作流程

1. 活白沙虾洗净，去沙线，焯水淋干水分，锅里倒入色拉油，将油烧热后把控干水分的虾过油炸一下，煎至虾脑流出红油。

2. 锅里放入番茄沙司、橙汁、精盐、白醋、味精、糖，再把炸好的虾倒入锅中翻炒几下，勾芡出锅装盘即可。

酸甜可口、外脆里嫩。

芫爆鸡丝

主料　鸡胸肉

辅料　香菜段　红椒丝　葱姜蒜片

调料　精盐　味精　糖　香油　蛋清　生粉　色拉油　胡椒粉

制作流程

1. 鸡胸肉改刀切成丝，放入精盐、味精、糖、蛋清、生粉、胡椒粉腌制5分钟。

2. 锅中倒入色拉油，烧至三四成热把腌制好的鸡丝滑油倒出。

3. 锅底放入少量油将葱姜蒜片爆香，倒入滑好的鸡丝，加入香菜段、红椒丝翻炒几下勾欠淋上香油出锅。

清爽可口、肉汁鲜嫩。

制作关键

鸡丝切时一定要顺着鸡肉的纤维切，这样在滑油的过程中鸡丝不容易断开。

锅塌鸡蛋豆腐

主料　鸡蛋豆腐　香椿苗

调料　清汤　精盐　味精　糖　鸡油　葱姜水　葱油

制作流程

1. 将鸡蛋豆腐改刀成4厘米方块，用不粘锅把四面煎成金黄，沥油待用。

2. 锅中放少许葱油，放清汤少许，调味，下煎制好的豆腐，微火烧制2分钟，收汁淋少许鸡油装盘，放少许香椿苗点缀，即可上桌。

豆腐软糯，色泽金黄，老少皆宜。

黄金豆腐

主料　鸡蛋豆腐

辅料　猪肉末　葱姜蒜米　红小米椒

调料　辣妹子酱　精盐　味精　鸡粉　水淀粉　清汤　色拉油

制作流程

1. 将鸡蛋豆腐切条，锅内加油烧热，把豆腐炸至金黄色倒出。

2. 锅底留油，放入猪肉末煸炒熟，加入葱姜蒜米，红小米椒少许煸出香味，加辣妹子酱、清汤、精盐、味精、鸡粉调好味，再放入豆腐烧入味，用水淀粉勾芡装盘即可。

咸鲜微辣。

咯吱羊油炒麻豆腐

主料　咯吱　麻豆腐

辅料　小青豆　雪里蕻　韭菜

调料　羊油　干辣椒　精盐　味精　葱花　姜末　甜面酱　干黄酱

制作流程

1. 雪里蕻冲洗干净切末备用，青豆提前泡好控水备用。

2. 麻豆腐加精盐、味精、干黄酱、甜面酱调味后加水，将麻豆腐澥开，装入容器，入蒸箱蒸制35分钟备用。

3. 锅内加油下姜葱末炒香，然后将麻豆腐和雪里蕻下入锅，小火慢慢煨制，直至麻豆腐将油完全吸收，然后加水熬制30分钟出锅备用。

4. 锅倒入羊油，将熬制好的麻豆腐下锅加适量水小火翻炒成糊状物出锅，搭配咯吱装盘，最后在麻豆腐上面撒韭菜末、干辣椒，淋热油即可。

口味特点　鲜香微辣，酸香味浓。

制作关键　翻炒过程注意不要糊底，要不停地翻，不能沾到锅壁。这一过程老北京人也叫“麻豆腐大咕嘟”。

酥香脆椒小牛肉

主料　牛肉

辅料　葱　姜　萝卜苗

调料　蓝莓酱　脆椒　干果碎

制作流程

1. 牛肉加葱姜用小火煮至八成熟，切成 1.5 厘米见方的小方丁。

2. 将切好的牛肉丁下油锅炸干炸香。

3. 炸干的牛肉加入蓝莓酱拌匀，再加入捣碎的脆椒、干果碎拌匀。

4. 盘中放入萝卜苗，将牛肉放在萝卜苗上，再用三色堇点缀即可。

酥辣香甜，造型美观。

腊八蒜烧肥肠

主料　腊八蒜　肥肠

调料　东古酱油　老抽　味精　糖　鸡粉　胡椒粉　五香粉　二锅头白酒　葱　姜　精盐　八角　桂皮　香叶　米醋

制作流程

1. 将肥肠翻洗干净焯水盛出，上锅倒少许油，放入八角、香叶、桂皮、葱、姜炒香，加水、二锅头，将肥肠倒入锅内煮熟捞出，改成滚刀块备用。腌制好的腊八蒜备用。

2. 取锅倒油，下姜片，加入腊八蒜、肥肠，加味精、胡椒粉、鸡粉、五香粉、东古酱油调味，然后稍加水煨制勾芡，出锅前淋适量米醋装盘即可。

酸辣回甜，肥肠柔嫩可口、肥而不腻。

制作关键

1. 肥肠半成品加工时间不易过长，时间太长影响质感，熟而有弹性的肥肠为最佳状态。

2. 腊八蒜需至少提前3天腌制。

腊八蒜制作

蒜米4250克、二锅头白酒1瓶、白醋4瓶、冰糖50克，白醋烧热倒入盛蒜的容器中密封好置于10~15度条件下一个星期。

京味爆肚

主料　鲜牛百叶

调料　料酒　花椒　葱姜

蘸料　芝麻酱　韭菜花　腐乳（红）　辣油汤

制作流程

1. 准备好所需蘸料，如果没有现成辣油，可以用干辣椒现榨，干辣椒需提前用清水泡10分钟。

2. 芝麻酱一点点加水顺一个方向澥开，直至用筷子滑过芝麻酱后，纹路清晰，稍后慢慢消失的状态最佳。

3. 以上准备工作均完成后，再取出鲜牛百叶，用清水过洗多次后备用。

4. 锅内倒入足量的水烧开，放入花椒、葱姜和料酒，把百叶放在笊篱中，保持开锅状，三上三下即可。

制作关键

1. 制作此菜要选鲜百叶，水发的不行。

2. 鲜百叶爆的时候，放入葱姜、花椒、料酒可以去腥。

3. 爆肚随吃随爆，不要一次爆太多，等吃的时候，下面的都凉了，爆肚没法回锅，回锅就老了。

4. 笊篱里面一次不要放太多鲜百叶，避免因锅小笊篱晃不开而导致的爆肚受热不均。

笊篱内一次放入的百叶不要太多，多了会受热不均，焯烫五六秒，百叶微微打卷，有微弱弹性了即可装盘上桌。

京味酥羊肉

主料　羊腩

辅料　香芹　干葱　胡萝卜　葱　姜　蒜　香菜

调料　淮盐　味精　鸡粉　糖　辣椒面　白芝麻　十三香　鸡蛋　生粉　孜然

制作流程

1. 将香芹、干葱、胡萝卜、葱、姜、蒜、香菜制成蔬菜汁备用。

2. 将羊腩洗干净放入盆中加蔬菜汁和水，水没过羊腩即可，依次加入以上调料翻拌均匀，腌制6小时，然后放入蒸盘蒸制1小时备用。

3. 将烤箱预热至180度，将蒸制好的羊腩放入烤盘内烤至表面呈金黄色取出，然后改刀成条状装盘即可。

质地酥嫩，孜然味浓郁，鲜辣咸香。

制作关键　烤制时间不能太长，羊腩表面有辣椒面，烤制时间过长辣椒面会发黑影响菜品成色。

桂花添一彩

主料　桂鱼

辅料　胡萝卜　香菇　小油菜　银杏

调料　辣酱　色拉油　生粉　淀粉　面粉　精盐　鸡粉　面粉　色拉油　墨鱼汁

一鱼两吃，造型美观。

制作流程

1. 桂鱼宰杀洗干净，去鱼头、鱼尾、鱼骨备用。

2. 一半鱼去皮，切丁，胡萝卜切丁，洗干净，鱼丁用生粉、淀粉腌制上浆；一半鱼切片，胡萝卜切丝，香菇切丝，卷在鱼片里面，把卷好的鱼卷挂面粉糊，鱼头，鱼尾也挂糊下油锅炸熟备用。

3. 小油菜、胡萝卜丁、银杏焯水，鱼丁下锅滑油，油菜码放在盘中间，将鱼丁、胡萝卜丁、银杏，加精盐、鸡粉，炒好放在油菜上面，在将炸好的鱼卷鱼头鱼尾码放在一圈，辣酱下锅炒香淋在鱼头、鱼尾和鱼卷上装盘即可。

宫爆虾球

主料　冰鲜大虾仁

辅料　葱丁　腰果

调料　自制宫爆汁　植物油　淀粉　生粉　干辣椒段　花椒粒　花椒油　蛋黄　姜片　蒜片　精盐　绵白糖　鲜花椒

制作流程

1. 将虾仁背部中央用刀划开，去除虾线，洗净，用干净白毛巾吸去水分待用。

2. 将处理好的虾仁用精盐、糖少许拌匀，加1个蛋黄，腌制入味，加少许淀粉拌匀待用。

3. 锅上火入植物油，烧至六成热，将腌制好的虾仁一个一个下入油中滑熟，取出沥油。

4. 锅中留底油入干辣椒段、花椒粒、蒜片、姜片煸炒，入宫爆汁兑芡汁下虾仁，快速翻炒，下入鲜花椒淋花椒油，出锅装盘即可。

自制宫爆汁

龙门米醋40克、绵白糖8.75克、盐0.15克、番茄酱9克、番茄沙司3.6克，用不锈钢盆小火熬开即可，不易熬制时间过长。

贡米虾球

主料　青虾仁

辅料　小米

调料　精盐　味精　葱　姜　高汤　料酒　淀粉

制作流程

1. 将虾仁洗净，挑出虾线，用精盐、料酒腌入味。

2. 小米上屉蒸熟备用。

3. 锅上火，倒入色拉油，将腌好的虾仁拍淀粉，下油锅炸至金黄色捞出。

4. 另起锅放入底油，下葱姜米爆香，下小米、虾仁，调味，烹入一点高汤，翻炒均匀出锅即可。

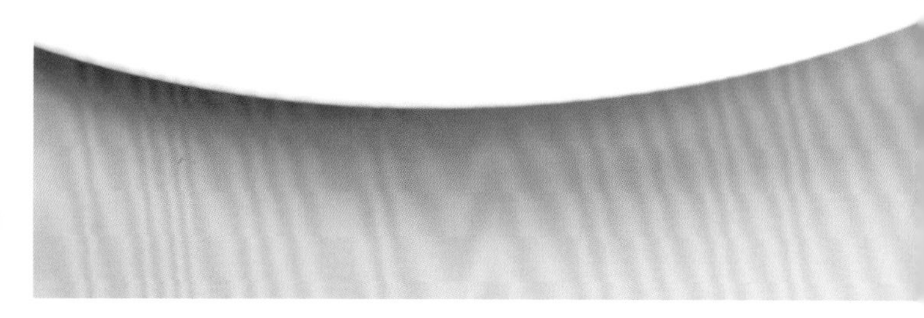

酱爆核桃鸡丁

主料　鲜鸡腿肉

辅料　炸核桃仁　葱丁　姜汁　淀粉　鸡蛋

调料　甜面酱　白糖　料酒　味精　鸡粉　老抽　精盐

制作流程

1. 先将鸡腿肉切丁加精盐、味精、鸡粉、白糖抓匀，入底味后加鸡蛋、淀粉。

2. 锅内热油将鸡腿肉丁滑油至熟，葱丁放热油中激一下倒出，留底油。

3. 底油中加甜面酱、白糖、料酒、味精、鸡粉稍微熬制一下加点水稀释，熬稠后，加入鸡丁、葱丁、炸核桃仁翻炒均匀装盘即可。

口味特点　酱香味浓。

制作关键　酱一定要注意要用小火熬制才能出香味。

浓汁八宝盅

主料　鲜鲍鱼　辽参　瑶柱　鱼翅　裙边　鹿筋　鱼肚　虾仁

辅料　小油菜心　浓汤　南瓜茸

调料　水淀粉　精盐

制作流程

1. 将鲜鲍宰杀后处理干净，改花刀；辽参、鱼翅、裙边、鹿筋、鱼肚发好改刀，汆水备用；瑶柱蒸热；虾仁、小油菜汆水备用。

2. 锅内加入浓汤，调入精盐，将鲍鱼、辽参、熟瑶柱、熟鱼翅、熟裙边、熟鹿筋、鱼肚、虾仁放进去煨入味捞出，装入盅内。

3. 将汤里面的杂质清理干净，加入南瓜茸将汤调成金黄色，用水淀粉勾芡，然后淋到盅内，放入小油菜心即可。

味道浓香醇厚、营养丰富。

老北京炒烤羊肉

主料　羊后腿肉

辅料　香菜段　大葱斜刀片　洋葱丝　蒜末　鸡蛋

调料　烤羊肉汁　孜然　辣椒面　色拉油

制作流程

1. 羊后腿肉切片，加蒜末、羊肉汁、鸡蛋腌制一下。
2. 锅内加油将羊肉煸炒至七成熟倒出备用。
3. 再起锅加底油，把大葱片煸炒出香味，然后加香菜段、孜然、辣椒面大火爆出香味，放入煸炒好的羊肉大火爆炒装入铁板，将铁板烧热垫上洋葱丝装盘即可。

口味特点　咸鲜干香。

制作关键　注意火候，此菜需要大火爆香，炒干。

羊肉汁

一品鲜100克、王致和腐乳30克、鸡汁100克、香油50克、万字酱油100克、海天海鲜酱油100克、锦珍老抽150克、味精少许、胡椒粉少许。

第二章 精品凉菜

丁香海藻沙拉

主料　鲜海藻

辅料　芝麻　丁香鱼

调料　精盐　糖　白醋　香油　辣椒油

制作流程

1. 将海藻清洗干净焯水备用。
2. 将海藻切细丝拌入糖、香油、辣椒油、白醋、精盐拌匀。
3. 将拌好的海藻沙拉装盘，撒上芝麻和丁香鱼即可。

口感脆爽、开胃消暑。

制作关键

海藻焯水时时间不要过长，否则颜色不绿，影响成品造型。

丁香水果苤蓝

主料　水果苤蓝

辅料　黑芝麻　丁香鱼

调料　精盐　白醋　白糖　香油

制作流程

1. 将苤蓝洗净去皮，切丝，冰镇20分钟。
2. 冰镇后，控干水分，拌入精盐、白糖、白醋、香油拌匀。
3. 装盘撒上丁香鱼即可。

清凉爽口、解暑开胃。

制作关键

苤蓝切丝后一定要放入泡有鲜柠檬片的冰水中冰镇20分钟，这样成品会更加爽脆。

陈皮糟香蟹钳

主料　蟹钳

辅料　陈皮

调料　精盐　味精　糟香卤　葱　姜　料酒　陈皮　香葱　冰糖　蜂蜜

制作流程

1. 将蟹钳清洗干净，放葱、姜、料酒蒸5分钟，时间不宜过长，自然放凉。
2. 小碗中加入香葱、姜、精盐、味精、陈皮调好酱汁。
3. 将调好的酱汁熬10分钟，将酱汁自然放凉。
4. 将蟹钳放入酱汁中浸泡至入味，泡至入味后装盘。
5. 将陈皮切细丝，放入冰糖、蜂蜜中用小火收汁，收汁后撒在上面即可。

咸鲜清香，糟香浓郁。

制作关键　蟹钳的蒸制时间不宜过长，以免影响口感。

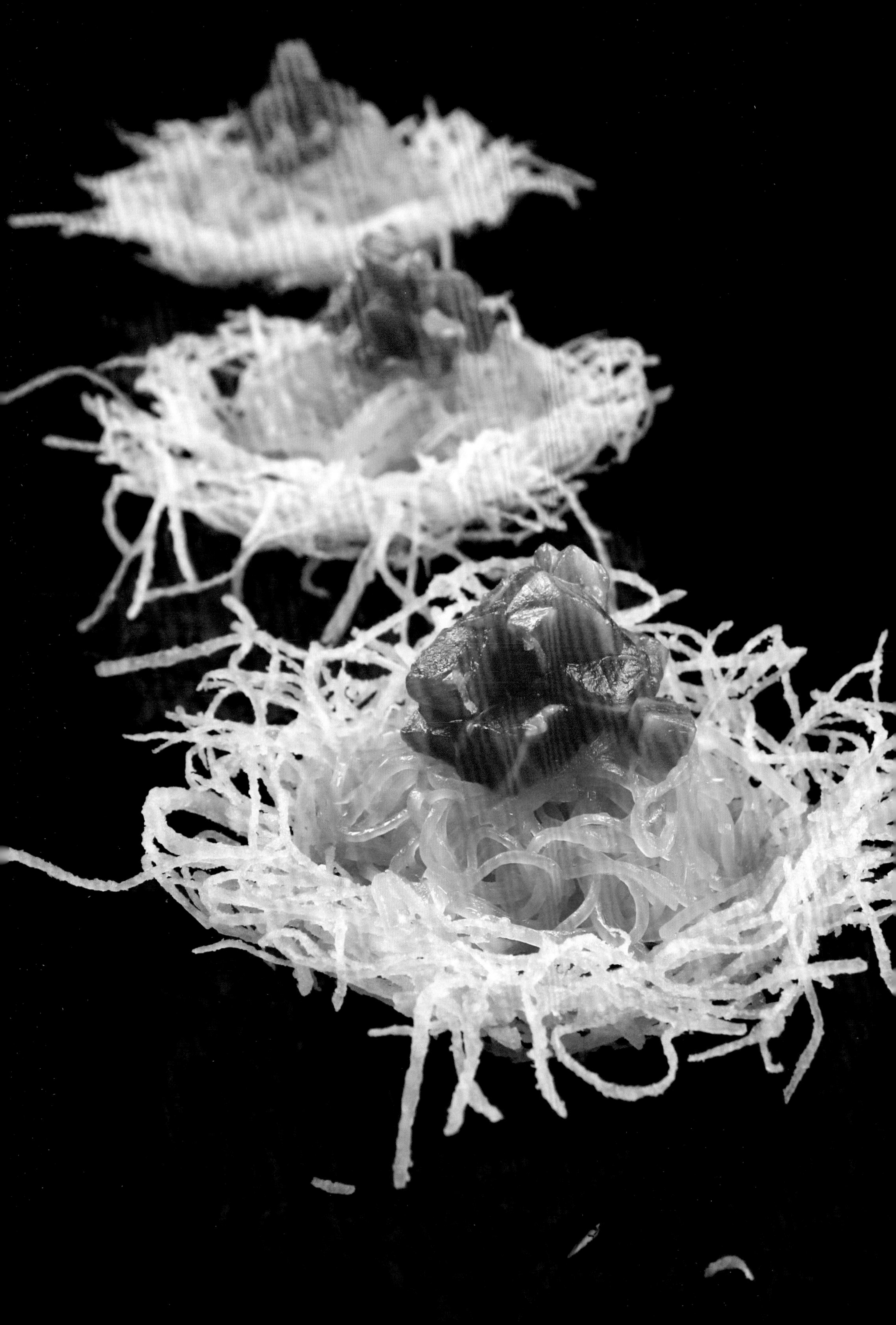

金盏翡翠三文鱼

主料　三文鱼

辅料　青笋　土豆

调料　精盐　糖　白醋　香油　芥辣　味精

制作流程

1. 将土豆切成细丝，炸成金盏备用。
2. 青笋切丝，放入精盐、糖、白醋、香油调好味道备用。
3. 将三文鱼切丁加芥辣、精盐、味精拌好备用。
4. 将拌好的青笋丝放入金盏，切好的三文鱼放在笋丝上即可。

制作关键　土豆丝一定要切得粗细均匀，炸出的金盏，口感更佳。

酱香蹄筋冻

主料　牛蹄筋

辅料　葱　姜

调料　桂皮　丁香　生姜　八角　香叶　冰糖　大葱　老抽　六必居甜面酱　二汤　料酒　蚝油

制作流程

1. 将牛蹄筋清洗干净焯水，加葱、姜蒸1小时。
2. 蒸完后，再一次焯水，加葱、姜、料酒再蒸0.5小时。
3. 锅内放入底油，加入冰糖炒化，加入葱、姜，把准备好的桂皮、丁香、八角、香叶炒香，放六必居甜面酱炒香，锅内加入料酒、老抽、蚝油，加二汤煮沸。
4. 将蒸好的牛蹄筋放入酱汤中，文火煨1.5小时。
5. 将煮熟的牛蹄筋用拖盘压6个小时，压好的牛蹄筋切片装盘即可。

酱香浓郁，回味悠长。

水晶肘子

主料　猪前肘　猪皮

辅料　大葱　生姜　蒜末　八角　花椒　干辣椒　小茴香

调料　精盐　味精　古越龙山　二锅头白酒　陈醋　一品鲜酱油　香油

制作流程

1. 猪皮改刀成条，入锅焯水1分钟倒出冲凉去肥油，放入盆中加水至刚没过猪皮，放入葱、姜、二锅头，用保鲜膜密封好放入蒸箱蒸制3~4小时，取出捞去葱、姜、猪皮，调味备用。

2. 陈醋、一品鲜酱油、香油、蒜末、精盐、味精混合调成蒜汁备用。

3. 肘子去骨分成两半焯水去腥，放入桶中加入精盐、味精、古越龙山、葱、姜烧开，煮1.5小时取出改刀成1厘米宽的条放入托盘中，将做好的猪皮汁一起倒入托盘中放凉，入冰箱2小时定形，取出改刀装盘，配蒜汁即可。

咸鲜味浓，色泽透亮。

京味新派豆花

主料　干黄豆

辅料　红心火龙果　蓝莓分子　芒果分子　薄荷叶
南洋豆花粉　巧克力糖浆　蜂蜜

制作流程

1. 干黄豆泡10小时。
2. 用豆浆机将黄豆打成豆浆，用纱布过滤。
3. 豆浆上锅加温至180度，加入南洋豆花粉拌匀，倒入模具，放凉进冰箱定型。
4. 豆花装盘浇上巧克力糖浆或蜂蜜，撒红心火龙果粒、蓝莓分子、芒果分子，用薄荷叶点缀即可。

清甜豆香，入口即化。

老北京酱肘花

主料　肘子

辅料　葱　姜

调料　桂皮　丁香　生姜　八角　香叶　冰糖　大葱　花雕酒　老抽　六必居甜面酱　二汤　红曲米

制作流程

1. 用喷枪将肘子上残留的异物烧掉，然后清洗干净。
2. 用刀把肘子的骨头剔掉，锅内放入凉水，肘子焯水备用。
3. 锅内放入底油，放入冰糖炒化，放葱、姜，把准备好的桂皮、丁香、八角、香叶炒香，放六必居甜面酱炒香，锅内加入料酒、老抽、蚝油，加二汤煮沸备用。
4. 将焯好水的肘子放入锅中，用红曲米上色，开锅后小火煮1小时捞出备用。
5. 将煮熟的肘子用保鲜膜卷成卷，压6小时。
6. 将压好的肘子改刀，装盘即可。

酱香浓郁，回味悠长。

京味酥海带

主料　干海带

辅料　白萝卜　葱　姜　白菜叶

调料　陈皮　八角　干辣椒　蚝油　胡椒粉　陈醋　精盐　味精

制作流程

1. 将海带泡发清洗干净备用。
2. 锅内放竹篦子，用白萝卜片垫底，将清洗好的海带卷成卷，码放在锅中，盖上白菜叶。
3. 另起锅入油，放干辣椒、葱、姜、八角、香叶、陈皮炒香，放料酒、陈醋，再放入生抽、胡椒粉、精盐、味精，然后加水，调好汤汁备用。
4. 汤调好后倒入海带中，小火焖3.5小时。
5. 做好的海带卷自然放凉，改刀装盘即可。

咸鲜适口，酸甜微辣。

海带一定要小火焖3.5小时到4小时，口感才会软糯。

风味鱼冻

主料　草鱼　凤爪

辅料　蒜仔　姜片　金钱草　芒叶

调料　干辣椒　精盐　黄酒　生抽　红糖　菜籽油　白糖　酱油

制作流程

1. 凤爪洗干净放入高压锅，加姜、黄酒，压制15~20分钟，捞出，留汤备用。

2. 锅内放菜籽油烧热，放入草鱼，煎至两面金黄，加入蒜仔、姜片、干辣椒、黄酒、凤爪，汤烧开加精盐调味，改至小火炖1小时。

3. 加入白糖，酱油调味，把鱼骨头取出，汤过滤备用。

4. 将汤和鱼倒入模具放凉成型，鱼冻取出装盘，用金钱草、芒叶点缀即可。

咸鲜微辣，鲜滑，口感佳。

橙丝樱桃山药

主料　陈集山药　红菜头　进口大樱桃　进口橙子

调料　白糖　白醋　吉利片　雀巢炼乳　熟土豆粉　水

制作流程

1. 樱桃汁制法：红菜头去皮，樱桃去核与红菜头一起放入打碎机，加白醋、水打成汁，去渣，大火烧开，加白糖调味，再加入适量吉利片放凉备用。

2. 橙子皮切丝；白糖加水熬至成糖浆加橙丝放凉备用。

3. 山药去皮蒸50分钟放凉，加白糖、雀巢炼乳入打碎机打匀，加土豆粉调稠度，放到模具中入冰箱定型，取出沾上调制好的樱桃汁和橙丝装盘即可。

入口酸甜，香甜适口，造型美观。

养生蒸菜

主料　潍坊白萝卜

辅料　澄面

调料　蒜蓉　醋　生抽　精盐　味精　糖　辣椒油

制作流程

1. 将潍坊白萝卜削皮，用削皮刀削成薄片，呈长条状，用白毛巾把水分挤干，挤干水分后，自然晾干10分钟备用。

2. 白萝卜片上拍上适量澄面，上笼蒸4分钟后自然放凉。

3. 用蒜蓉、醋、生抽、精盐、味精、糖、辣椒油给萝卜调味，装盘即可。

口味特点　蒜香味浓，口感筋道。

制作关键　拍澄面不易过多，过多的话口感发黏。

京味一品山楂冻

主料　山楂罐头

调料　蜂蜜　糖

制作流程

1. 将山楂罐头打开，山楂汁和山楂分离备用。

2. 将山楂汁倒入锅中，加入糖、蜂蜜，开火熬20分钟，熬至黏稠状备用。

3. 将山楂用毛巾吸干水分，整齐码在托盘中。

4. 将熬好的山楂汁倒入托盘中，自然放凉后改刀装盘即可。

口味特点　酸甜可口，健脾开胃。

制作关键　一定要把山楂的水分吸干净，否则冻易化，影响造型。

老北京酱油腌肉

主料　带皮精五花肉

调料　金标生抽　红烧酱油　冰糖　八角　小茴香　干黄酱　干辣椒

制作流程

1. 所有调料混合一起烧开，放凉备用。

2. 五花肉改刀成6厘米长条，放入调料中腌制24小时，风干24小时，上蒸箱蒸制40分钟，取出放凉，改刀成片装盘即可。

酱香味浓，色泽红亮。

沂蒙风干鸡

主料　沂蒙农家老鸡

辅料　葱　姜

调料　精盐　味精　花椒　八角　桂皮　生抽　香叶　花雕酒

制作流程

1. 将老鸡宰杀干净，用花椒、盐腌制5小时。
2. 鸡的膛内塞入葱、姜，撒上香叶、桂皮、花雕酒，腌制后自然风干。
3. 风干后，上笼蒸30分钟。
4. 蒸好后自然放凉，改刀装盘即可。

口感劲道，咸鲜适口。

制作关键　鸡一定要自然风干好。

香拌牛肉

主料　牛腱子肉

辅料　薄荷叶　酸膜叶

调料　干辣椒　花椒　大料　孜然　干姜粉　小茴香　白芝麻　辣椒面　葱　蒜　辣椒油

制作流程

1. 牛腱子洗净，焯水后放入锅中，加水、干辣椒、花椒、大料、葱、姜、精盐、味精煮熟捞出；用保鲜膜包好放凉，切片备用。

2. 小茴香、干辣椒、花椒、大料、孜然放入打碎机，打碎后加入辣椒面，制成干拌料。

3. 切好的牛肉片放入盆中，加入干拌料、葱、蒜、辣椒油拌匀装盘，用薄荷叶、酸膜叶点缀即可。

微辣麻香，有嚼劲。

捞汁鲍鱼海苔粉丝

主料　鲜鲍鱼　海苔粉丝

辅料　蒜蓉　美人椒　香葱　香菜末

制作流程

1. 鲍鱼洗净，剞花刀。

2. 水中放葱、姜、料酒，烧开，将鲍鱼放入焯水1分钟，捞出放入冰水中备用。

3. 将海苔粉丝放入温水中浸泡半小时，捞出放入冰水中冰镇。

4. 将黄瓜切丝，放入碗底；将泡好的海苔粉丝放入碗中。

5. 把自制捞汁调料调好，倒入菜品中，撒上香菜末、香葱末、美人椒段，放入鲍鱼即可。

口味特点　酸辣适口，解暑开胃。

制作关键　鲍鱼焯水时间不宜过长，否则影响口感。海苔粉丝泡好后一定要冰镇，口感比较劲道。

Tips 自制捞汁

生抽6克、精盐3克、米醋6克、糖3克、味精3克、葱油5克、香油6克、纯净水10克、劲霸捞汁50克。

罗汉肚

主料　鲜猪肚　猪前肘　猪皮　猪瘦肉

调料　味精　鸡粉　金标生抽　红烧酱油　五香粉　十三香　干黄酱　葱　姜　香油　葱油

制作流程

1. 猪肚用水清洗干净备用。

2. 猪皮上锅焯水冲凉去油，改刀成1厘米宽的条备用。

3. 肘子去皮去骨留肉改刀成薄片，猪瘦肉改刀成薄片，加入改好刀的猪皮，加入调料拌匀，腌制2小时备用。

4. 将腌制好的肉料加到洗好的猪肚内封口，放入酱汤桶中，大火烧开改小火煮熟，捞出用保鲜膜包好，压5小时定形，再入冰箱定形，取出改刀装盘即可。

咸鲜、酱香、味浓。

鸡卷配松茸辣酱

主料　去骨带皮鸡腿肉

辅料　葱末　姜末　鲜松茸　香菇　冬笋　五花肉　蒜　姜

调料　精盐　味精　鸡粉　西凤酒　古越龙山　红油　一品鲜酱油

制作流程

1. 鸡腿肉用葱末、姜末、精盐、味精、鸡粉、西凤酒、古越龙山腌3小时，洗去葱末、姜末，控去水分，用保鲜膜卷好入蒸箱蒸30分钟取出，自然放凉备用。

2. 将松茸、冬笋、香菇、五花肉、姜、蒜改刀成丁，上锅加红油，翻炒，放入改好刀的配料炒香，加一品鲜酱油、精盐调味制成香辣酱备用。

3. 将鸡卷改刀装盘淋上做好的香辣酱点缀即可。

咸鲜香辣，造型美观。

苦荞驴肉冻

主料　驴肉　猪皮

辅料　苦荞茶　玫瑰花瓣

调料　黄栀子　豉油　葱　姜　白酒

制作流程

1. 驴肉焯水煮熟，切2厘米见方的块，放入深托盘备用。
2. 猪皮焯水冲凉去毛，切丝放入盆里，加入水、葱、姜、白酒少许，放入蒸箱蒸2小时。
3. 黄栀子加水煮开2分钟，苦荞茶用水煮开备用。
4. 猪皮蒸好取出猪皮，留汤，加入黄栀子水，放驴肉块，倒入托盘，加入苦荞茶，不要苦荞水，晾凉成形。
5. 定形后取出驴肉冻，改刀装盘，用玫瑰花点缀。

咸鲜清香，晶莹剔透，入口即化。

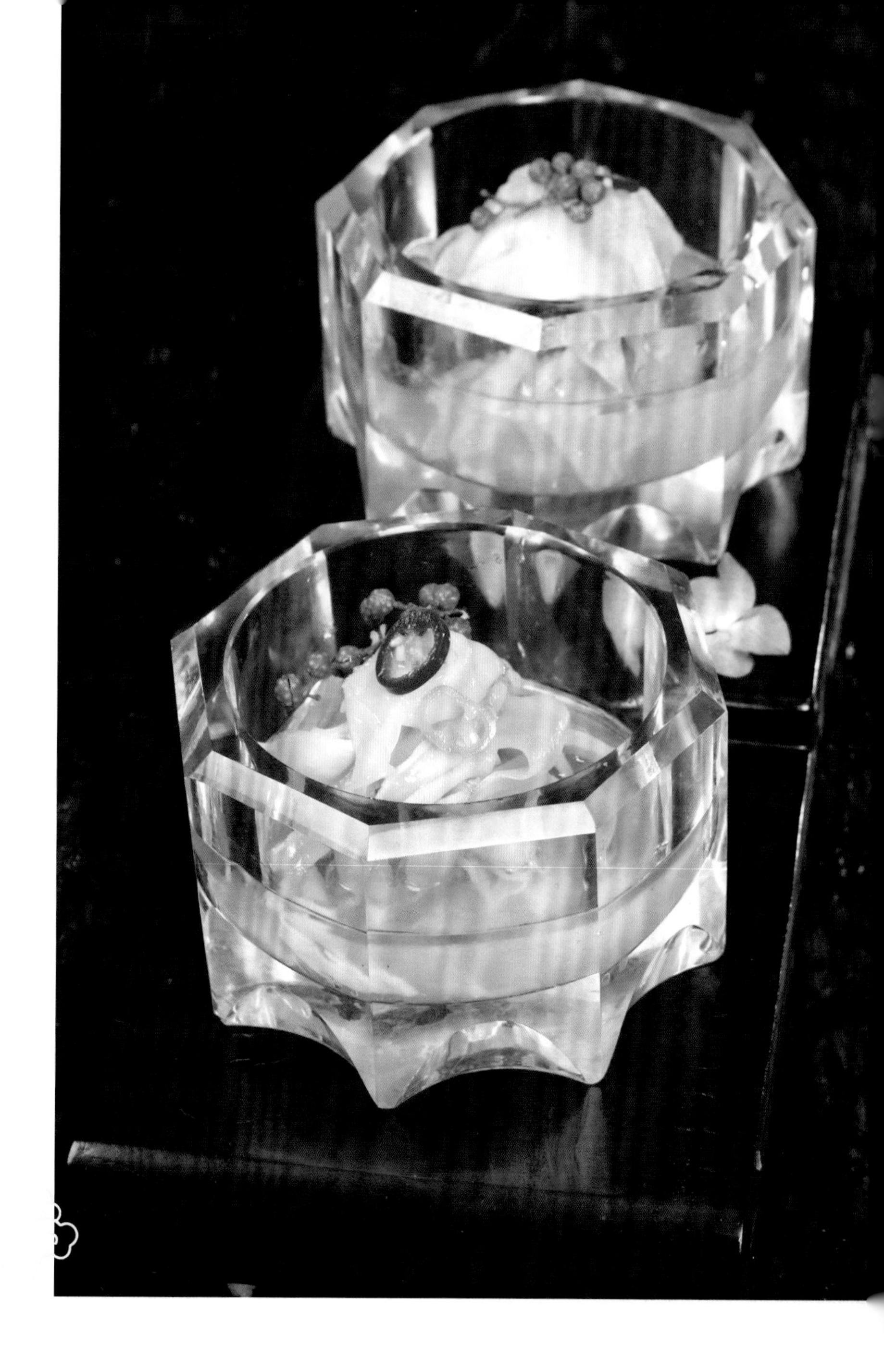

鸡汁纸片笋

主料　灯影笋

辅料　红绿美人椒　鲜花椒　三色堇　泰椒

调料　精盐　白糖　鸡汁　鸡粉　橙汁　高汤

制作流程

1. 灯影笋冲水去味。
2. 灯影笋焯水加入高汤、鸡粉、鸡汁、盐、白糖、泰椒，调味烧开加入灯影笋，煮5分钟捞出。
3. 装盘，用红绿美人椒、鲜花椒点缀即可。

咸鲜味美。

XO 酱竹毛肚

主料　竹毛肚

辅料　甜蜜豆　小葱花　香椿苗

调料　XO酱　精盐　葱　油

制作流程

1. 竹毛肚解冻，焯水备用，甜蜜豆沸水煮熟后冲凉备用。

2. 竹毛肚放入小盆，加精盐、XO酱少许，拌匀后放入葱油、小葱花。

3. 装盘，用香椿苗、甜蜜豆点缀即可。

咸鲜酱香。

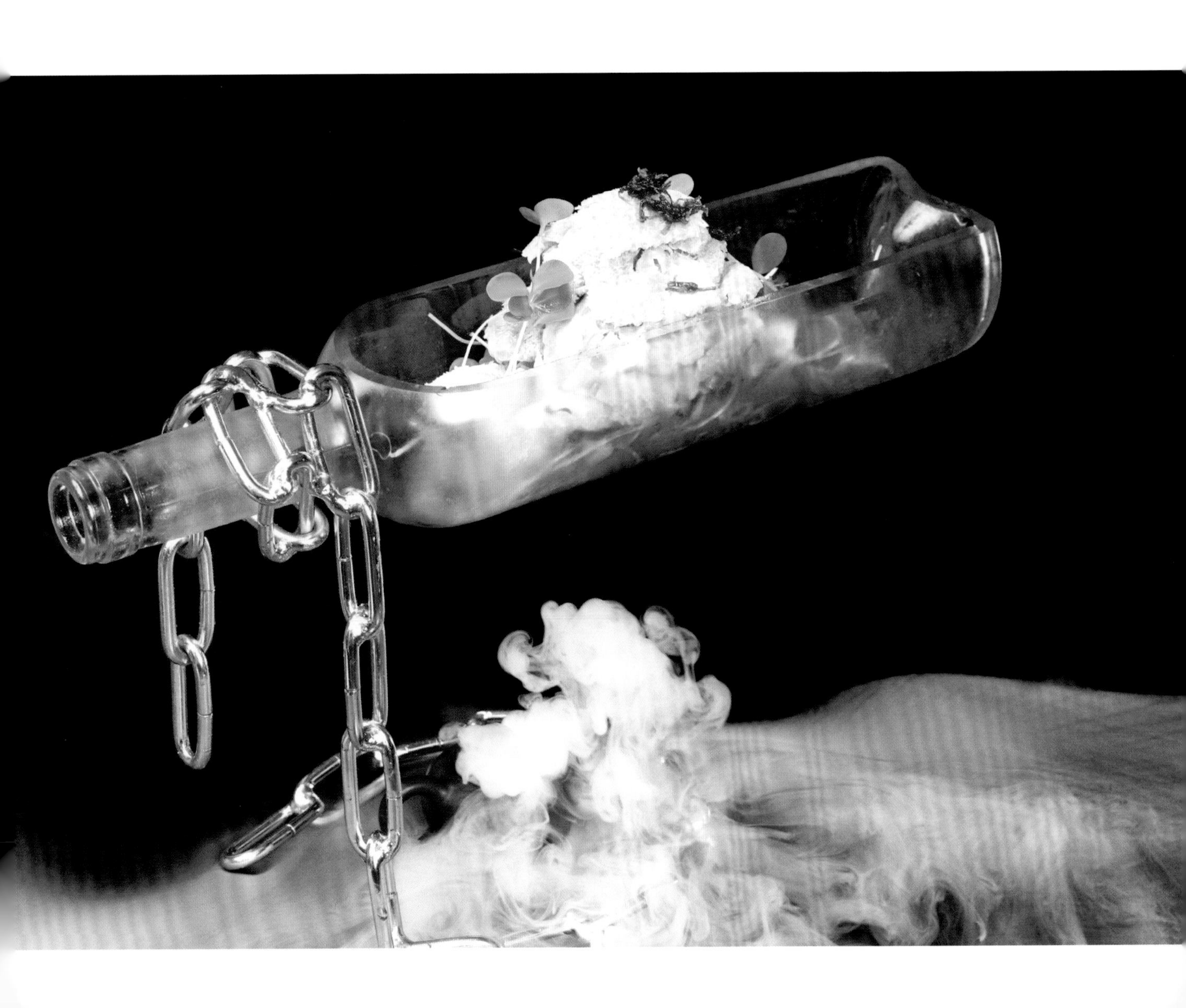

第三章 精品汤羹

酸辣乌鱼蛋汤

主料　乌鱼蛋

辅料　香菜末

调料　清汤　酱油　精盐　鸡粉　香油　白胡椒粉　水淀粉　葱姜水　花雕酒　鸡油　特制米醋　老抽

制作流程

1. 将乌鱼蛋洗净、去腥，放入凉水锅中，大火煮沸，煮透捞出待用，香菜洗净切成末。

2. 坐锅点火，依次放入清汤、乌鱼蛋、白胡椒粉、鸡粉、精盐、花雕酒、葱姜水，待汤开锅后撇去浮沫，用水淀粉勾薄芡，加入适量特制米醋，再加入适量老抽调色，搅拌均匀，淋入鸡油，出锅装汤碗，撒入香菜末即可。

酸辣鲜香，开胃利口。

川贝枇杷炖雪梨

主料　雪梨　川贝

辅料　银耳　百合　枸杞子　清水

调料　冰糖

制作流程

1. 取1个雪梨去皮，中间挖空做成雪梨盅，放净水中浸泡备用。

2. 另取1个雪梨去皮切成丁，并将银耳、枸杞放入净水浸泡备用。

3. 切好的雪梨丁加银耳、冰糖、川贝一起加清水下锅，小火慢炖1小时左右。

4. 炖好的雪梨银耳羹放入挖好的雪梨盅里，再加上百合、枸杞大火蒸制20分钟，出锅即可。

入口微甜，化痰止咳。

制作关键　挖好的雪梨盅先用净水浸泡防止氧化变色。

京味乱蒜肥肠

主料　肥肠300克

辅料　大蒜仔　葱　姜　香葱　香菜

调料　白酒　料酒　鸡精　白胡椒粉　醋　淀粉　大料　精盐　大葱　姜　酱油　老抽　白醋　花椒

制作流程

1. 大蒜仔洗净拍碎。葱切段，姜切片。

2. 肥肠去油，清洗干净后放白酒、料酒、精盐、白醋浸泡15分钟后洗净待用。

3. 锅上火，在清水中放肥肠、葱段、姜片、花椒、大料和料酒，大火煮沸后改小火煮熟，以筷子能轻松扎透为宜。

4. 肥肠煮好捞出晾凉，切丝待用。

5. 锅上火放油和大料，大料出香味后捞出，下葱末和肥肠煸炒，倒酱油和老抽稍微炒制后加清汤，汤开后以精盐、鸡精、少许料酒、白胡椒粉和少许醋进行调味。

6. 煮约10分钟后勾芡直至汤汁浓稠，出锅前加入蒜末，出锅装盘，撒上香葱、香菜末即可。

蒜香浓郁，口感筋道。

制作关键

1. 肥肠不宜煮太久，否则太过软烂，口感大打折扣。

2. 肥肠应多煸炒一会儿，以炒出多余油脂。

3. 白胡椒和醋要少放，成品不能有突出的白胡椒粉的辛辣味和醋的酸味。

滋补甲鱼汤

主料　甲鱼

辅料　老母鸡　葱　姜　白胡椒碎　香葱末　香菜末　党参　精盐　鸡粉

调料　精盐　味精　鸡粉

制作流程　将甲鱼杀洗干净，剁成块焯水，焯水后将甲鱼清洗干净，放入高压锅内加入高汤、老母鸡、白胡椒粉、葱姜，盖盖压制10分钟出锅，加入精盐、鸡粉、香菜末、香葱末盛入汤盅内即可上桌。

胡椒味浓香，营养丰富，甲鱼肉鲜美。

制作关键　制作甲鱼汤时必须放入老母鸡和高汤进行烹饪，这样才能使汤鲜味美。

宫廷海参

主料　辽参

辅料　白萝卜　鸡清汤　枸杞

调料　精盐　味精　鸡粉

制作流程　发好的辽参汆水备用；白萝卜切成菊花状，菊花萝卜汆水备用；将鸡清汤加精盐、味精、鸡粉调味，放入辽参、菊花萝卜、枸杞蒸10分钟即可。

清香咸鲜。

胶东虾汤面

主料　山东干面片　活虾　青虾仁　油菜心

调料　精盐　味精　糖　鸡粉　鸡汁　色拉油

制作流程

1. 先将活虾放入蒸箱蒸熟取出，再把蒸熟的虾放凉用刀拍扁，锅里倒入色拉油，然后把拍好的虾放油锅内，小火熬成红色。

2. 取吊汤桶，把熬好的虾和油一起倒入桶内，加入纯净水，烧开转中火熬制2小时后，过滤出虾汤备用。

3. 面片煮熟过凉水，然后锅内加入虾汤、煮好的面片、青虾仁、油菜心一起调好味出锅装碗即可。

面片滑润，汤鲜味美。

制作关键

虾一定要选用活的白沙虾，在熬汤时要中火熬够2小时，这样才能使成品汤味道鲜美、色泽红亮。

养生芙蓉鸡脯

主料　鸡胸

辅料　甜蜜豆　蛋清　葱　姜　清汤

调料　生粉　精盐　味精　鸡粉　水淀粉

制作流程　鸡脯肉去掉筋、膜，切片冲水，冲白后的鸡脯打成茸，然后加入蛋清、盐做成鸡脯米，蜜豆汆水备用，锅内加入清汤，调入精盐、味精、鸡粉，用水淀粉勾芡后，烩入鸡脯米和蜜豆，装盘即可。

口味特点　咸鲜，鸡米鲜嫩滑爽。

制作关键　鸡茸不能太稀，否则不易成形。

奶汤猪肚炖白果

主料　猪肚

辅料　白果　奶汤

调料　精盐　味精　胡椒　花椒　葱　姜　猪油　白糖

制作流程

1. 将鲜猪肚洗净，汆水，改刀成条，加水、盐、葱、姜、花椒、胡椒上笼蒸40分钟，白果去壳加糖、水蒸5分钟。

2. 锅内放入猪油，下姜米、葱米烹锅，注入奶汤烧开，撇去浮沫，下猪肚、白果，调味出锅。

咸香，汤色乳白悦目，鲜香浓厚。

龙虾汤东兴斑

主料　虾汤　东星斑

辅料　白沙虾　油菜　色拉油　番茄酱　西红柿　魔芋结

调料　精盐　味精　鸡汁

制作流程

1. 选用上好的白沙虾蒸熟，用刀拍扁。

2. 锅内下入色拉油烧热，下入白沙虾炒出虾脑红油，再加入少许番茄酱炒匀。

3. 桶内加开水，上述虾和油一起下入煲2~4小时，挤出汤汁和油备用。

4. 东星斑片成厚片，加入少量盐，然后将油菜、魔芋结、西红柿、东星斑焯水装盘，再把调好味的虾汤盛入盅内上桌即可。

鱼片滑嫩，汤鲜味浓。

制作关键　白沙虾一定要选用活的品质好的，煲汤时前期大火，后转小火，这样味道才够鲜美。

川贝虫草花炖鳄鱼汤

主料　冰鲜鳄鱼　干虫草花　瘦肉　竹笙

调料　精盐　味精　糖　鸡汁　石斛　川贝　料酒　枸杞

制作流程

1. 鳄鱼剁成块清洗干净，瘦肉切成小四方块焯水后捞出并冲洗干净。

2. 再将洗干净的鳄鱼肉和瘦肉放入汤盅内，加入石斛、虫草花、竹笙、川贝、料酒，然后把调好味道的纯净水倒在汤盅里，盖上盖蒸4小时后取出上桌即可。

口味特点　汤色如茶，清澈见底。

制作关键　鳄鱼肉和瘦肉一定要用清水冲洗干净，否则蒸出的汤会有异味。蒸汤时一定要确保蒸够4小时，这样才能达到煲汤的最佳效果。

第四章　精品点心

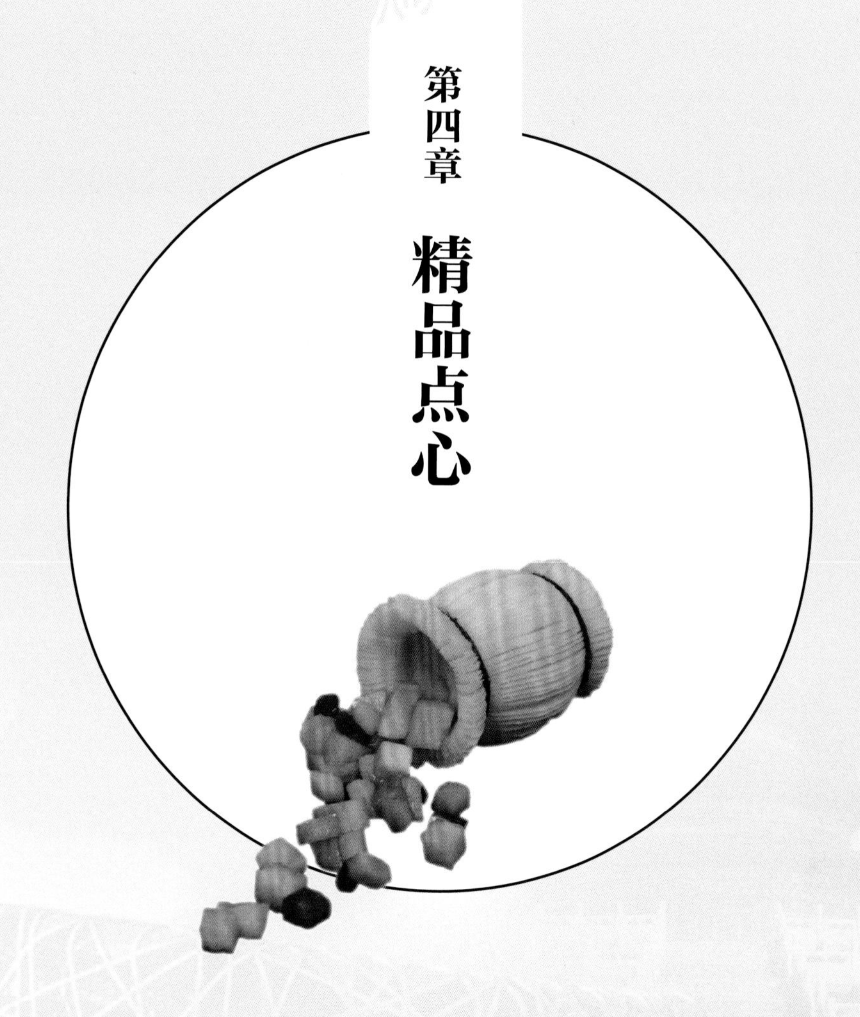

翡翠绿豆糕

主料　去皮绿豆500克

辅料　菠菜汁30克　明胶片10克

调料　白沙糖200克

制作流程

1. 去皮绿豆用清水洗净放入托盘里加入适量的水蒸熟。

2. 绿豆蒸熟取出后过筛成粉末。

3. 明胶片用凉水泡软、控水加热融化。

4. 绿豆粉加入白砂糖和绿豆粉末一起拌均匀，再加入融化好的明胶片和菠菜汁拌均匀。

5. 将拌好的绿豆泥放入托盘，压平放入保鲜冰箱，待成形后切小块装盘即可。

制作关键　蒸绿豆时水不易多；加入菠菜汁时一定充分搅拌均匀。

老北京糊饼

主料　中粗玉米面200克　富强粉50克　韭菜100克

辅料　清水300克　鸡蛋2个　虾皮20克　胡萝卜20克

调料　盐3克　胡椒粉1克　香油5克　鸡粉3克

制作流程

1. 将玉米面和富强粉加清水和成玉米糊备用。
2. 将韭菜和胡萝卜切成末，其中1个鸡蛋炒熟备用。
3. 锅内放少量油，把虾皮炒干、炒香并与韭菜、胡萝卜、鸡蛋加调料和成馅，拌入另1个生鸡蛋备用。
4. 电饼铛调温至190度，放少量油倒入玉米糊，摊成圆形薄饼。
5. 薄饼定形后在上面加韭菜馅，盖上电饼铛盖子，烙3分钟后出锅装盘即可。

口味特点　咸鲜酥脆，营养丰富。

制作关键　调好的韭菜馅下锅前加1个生鸡蛋，这样出品馅料不会散。

莲藕酥

主料　富强粉500克　美玫面500克　起酥油300克

辅料　猪油150克　清水250克　海苔2片　蛋清1个　莲蓉馅100克

调料　白糖100克　可可粉30克

制作流程

1. 先将富强粉与猪油加清水，和成油皮面团备用。
2. 将起酥油加美玫面粉和成油心。
3. 将海苔剪成细长条，莲蓉馅分成10克每份并揉成长条形。
4. 将油皮面擀开，包入油心，擀成大片，反复对折3次。
5. 擀好的酥皮分成8厘米宽的长条，依次刷水叠起来，切成1厘米宽的面片。
6. 轻轻擀开面片刷上蛋清，包好莲蓉馅，做出莲藕形状，用可可粉做出莲藕的眼儿，缠绕上海苔，做出藕节。
7. 做好的莲藕酥入135度油锅中炸4分钟后出锅即可。

口感酥脆，层次分明。

烤银丝卷

主料　富强粉500克

辅料　酵母5克　泡打粉5克　色拉油100克　清水200克

调料　白糖100克　碱面3克

制作流程

1. 取300克面粉与酵母、泡打粉、白糖加入清水和成发面团备用。
2. 将剩余200克面粉加酵母、碱面、清水和成面团并拉成细丝。
3. 把拉好的细丝分段刷上色拉油后冷藏备用。
4. 和好的面团分成均匀的剂子，擀成长形片并包入细丝。
5. 包好的银丝卷放36度饧发箱里饧发15分钟后蒸12分钟即可。
6. 蒸好的银丝卷入上火250度下火200度的烤箱，烤6分钟使其均匀地上色即可出锅。

外脆里嫩，香甜可口。

制作关键

包银丝卷时，一定注意手法，不要漏出银丝；烤制过程中温度可过低，以免烤干。

菊花酥

主料　富强粉500克　猪油100克　美玫面500克　起酥油300克

辅料　枣泥馅200克　白芝麻50克　蛋黄2个

制作流程

1. 将面粉、猪油加清水和成油皮面团，起酥油加美玫面和成油心备用。

2. 油皮面擀成片，包入油心，两边向中间折叠，反复2次后分成剂子。

3. 分好的面剂擀开包入枣泥馅，压平周边，用刀切出16个口，依次翻转切口处捏出花形。

4. 做好的菊花酥刷蛋黄，撒上白芝麻，入上火180度下火150度的烤箱烤20分钟即可。

口感酥脆，造型美观。

制作关键　切刀口时一定要均匀，以免大小不一，形象美观。

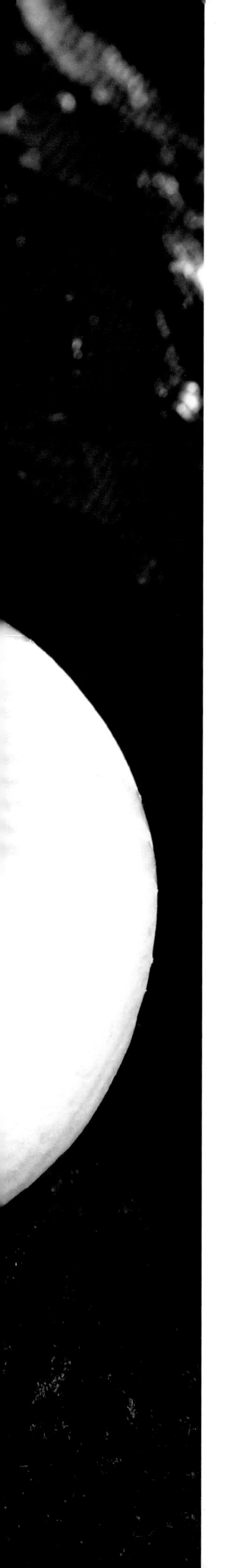

山东烤馒头

主料　富强粉500克

辅料　酵母5克　泡打粉5克　清水200克

调料　白糖100克

制作流程

1. 将面粉与酵母、泡打粉、白糖加入清水和成面团备用。

2. 将和好的面团均匀分成每个30克左右的剂子并揉成馒头。

3. 把做好的馒头放36度饧发箱里饧发15分钟后，蒸12分钟即可。

4. 蒸好的馒头入上火250度下火200度的烤箱，烤6分钟使其均匀地上色即可出锅。

外脆里嫩，香甜可口。

制作关键　揉馒头时底部口一定收好，以免蒸出的成品有裂口；烤制过程中温度不要过低，以免烤干。

花瓶酥

主料　富强粉500克　美玫面500克　起酥油300克

辅料　猪油150克　蛋清1个　清水250克　红心火龙果100克　哈密瓜100克　薄荷叶10克　海苔2片

调料　白糖100克　沙拉酱100克

制作流程

1. 将富强粉与猪油加清水，和成油皮面团备用。
2. 将起酥油加美玫面粉和成油心。
3. 把海苔剪成细长条，水果切成小丁加沙拉酱拌好。
4. 将油皮面擀开，包入油心，擀成大片，反复对折3次。
5. 擀好的酥皮分成8厘米宽的长条，依次刷水叠起来，切成1厘米宽的面片。
6. 轻轻擀开面片，卷上圆形模具，两边扎上海苔。
7. 做好的花瓶酥入135度油锅中炸4分钟后出锅，装上水果丁，并用薄荷叶装饰即可。

口感酥脆，造型靓丽，层次分明。

制作关键

面片往模具上卷制时接口处一定刷蛋清以免炸时散开。炸制时间不易过长。

老北京宫廷奶酪

主料　纯牛奶200克　蛋清3个

辅料　米酒100克　芒果球50克

调料　白糖50克

制作流程

1. 将纯牛奶加入蛋清搅拌均匀后加入白糖备用。

2. 将米酒慢慢倒入牛奶中，保鲜膜封口后大火蒸15分钟。

3. 待蒸好的奶酪凉透，再保鲜冷藏2小时后取出，撒上芒果球即可。

口味特点　软糯滑嫩，清凉可口。

制作关键　蒸制奶酪时，需用保鲜膜封好，防止进水造成表面不光泽。

糯米桂花糕

主料　大米粉300克　江米粉200克　糯米粉50克　红曲米粉5克　红豆沙100克

调料　桂花陈酒10克　白糖50克

制作流程

1. 将大米粉、江米粉、糯米粉、红曲米粉混匀后备用。
2. 白糖加入桂花陈酒融化备用，红豆沙装入挤袋备用。
3. 先将加入糖的桂花陈酒倒入混合的糯米糕粉中，然后加入水将糯米糕粉用手搓至潮湿状态，过筛备用。
4. 取直径4厘米的圆形模具放在铺好纱布的蒸盘中，将过好筛的糯米糕粉装一半在模具里，然后挤上红豆沙，再用剩余的糯米糕粉填满模具，并将表面抹平，上蒸箱蒸制15分钟取出装盘即可。

香甜可口，酒香味美。

制作关键

将搓好的糯米糕粉搁置冰箱饧2小时，口感更佳。

象形花生酥

主料　高筋粉250克　低筋粉250克　起酥油300克　美玫面500克　花生碎200克

辅料　吉士粉40克　清水250克　猪油100克　熟面粉100克

调料　白糖100克　黄油50克　色拉油50克

制作流程

1. 将高筋粉、低筋粉、吉士粉与猪油加清水和成油皮面备用。
2. 将起酥油与美玫面和成油心。
3. 花生碎加黄油、色拉油、熟面粉、白糖搅拌成馅。
4. 擀开油皮，包入油心后擀成大片，两边向中间对折2次，然后擀开，分成剂子。
5. 用分好的剂子擀皮、包馅，并做成花生形状。
6. 最后入上火150度下火130度烤箱烤15分钟即可。

形象逼真，入口酥脆。

制作关键　面皮包馅料，接口一定收好，以免烤制时候裂开。

芸豆卷

主料　白芸豆200克

辅料　绿豆沙馅100克　清水600克

调料　白砂糖15克

制作流程

1. 白芸豆用清水浸泡6小时后去皮。
2. 把去皮白芸豆加入清水入锅煮10分钟，然后控水，包上蒸布入笼屉蒸20分钟，趁热过筛。
3. 将豆沙馅擀成薄片备用。
4. 过筛后的芸豆泥放案板上用铲刀拍成薄片，放上擀好的豆沙馅。
5. 放好馅的芸豆片从两侧往中间卷成如意形状，切成2厘米长的段，装盘即可。

香甜凉爽，软糯清香。

制作关键　白芸豆要蒸酥烂后趁热才易过筛。

老北京豌豆黄

主料　去皮豌豆500克

辅料　清水1000克

调料　白糖150克

制作流程

1. 将去皮豌豆挑去杂质洗净，蒸40分钟。
2. 将蒸好的豌豆过筛，然后加入白糖。
3. 加入白糖的豌豆泥放铜锅里，加200克水，边熬边搅，熬至黏稠即可出锅。
4. 熬好的豌豆泥趁热倒入方盒，晾凉后冷藏，成形后切块装盘即可食用。

清凉爽口，味道香甜。

制作关键　在熬制过程中要不停地搅动豌豆泥以免糊底。

小豆凉糕

主料　红小豆500克

辅料　清水1000克

调料　白糖150克

制作流程

1. 将500克的红小豆加1000克清水蒸熟烂。
2. 趁热过筛，把过好筛的红豆泥加入150克白糖放铜锅里上火熬。
3. 不停地搅动，熬至黏稠，趁热倒入方盘中，晾凉冷藏。
4. 成形后拿模具扣成圆形，装盘即食。

清凉爽口，味道香甜。

制作关键　红小豆要趁热过筛，熬制时要不停搅动以免糊底。

宫廷小窝头

主料　玉米面400克　黄豆粉50克　美玫面50克

辅料　熟蛋黄3个　酵母3克　清水225克

调料　白糖100克

制作流程
1. 先将熟蛋黄过筛，玉米面、黄豆粉、美玫面、酵母、白糖一起放入盆中加入清水和成面团。
2. 将面团分成均匀的小块搓成窝头形状，放在36度饧发箱中饧发15分钟。
3. 将发好的窝头上火蒸8分钟即可。

口味特点　色泽金黄，甜香可口。

制作关键　成形的窝头一定饧发好再蒸；注意蒸汽不要太大，否则成品表面不光滑。

山东酱肉包子

主料　面粉500克　精五花肉300克

辅料　葱50克　姜50克　八角10克　鲜马蹄50克　木耳50克　白菜100克

调料　甜面酱一袋　生抽100克　料酒50克　酵母5克　泡打粉5克

制作流程

1. 先将面粉、酵母、泡打粉加水和成面团备用。
2. 精五花肉去皮切丁，加葱、姜、八角、甜面酱炒熟，出油后加生抽、料酒调味。
3. 炒好的肉丁加鲜马蹄、木耳、白菜拌成馅。
4. 面团分成均匀的剂子，加馅包成包子，放笼屉中饧发。
5. 饧发好的包子上火蒸15分钟后，关火闷5分钟即可出锅。

口味特点　酱香浓郁，口味甜咸。

制作关键　炒肉丁时，一定把油充分炒出后再放调料；蒸好的包子出锅前先闷5分钟再拿出来，以免遇冷气收缩。

老北京糖火烧

主料　富强粉500克　芝麻酱300克

辅料　酵母5克　泡打粉5克　清水300克

调料　白糖50克　红糖200克

制作流程

1. 将500克面粉与酵母、泡打粉、白糖加入清水和成面团备用。

2. 将芝麻酱与红糖混合搅匀备用。

3. 把和好的面团擀成大片，涂抹上和好的芝麻酱，从上往下卷起后揉匀。

4. 揉好的面团分成剂子，分别收口包成圆形。

5. 把做好的糖火烧放入烤箱上火180度下火160度烤15分钟即可出锅。

入口松软，酥香味甜。

制作关键

揉面团时，一定要将芝麻酱与面团揉均匀，以免成品色泽不匀。

驴打滚

主料　糯米粉200克　红豆馅100克

辅料　黄豆200克　玉米淀粉50克　清水600克

调料　白糖50克

制作流程

1. 先将黄豆用小火炒熟，待凉后用粉碎机打成黄豆粉备用。

2. 将糯米粉与玉米淀粉混合加清水和成糯米糊，倒入铺好保鲜膜的托盘中，蒸20分钟。

3. 蒸好的糯米糊倒在熟黄豆粉上面，然后均匀地抹上红豆沙馅。

4. 从上至下把抹好红豆馅的糯米皮卷成长条形，切成段，装盘即可。

香甜可口，豆香味浓。

制作关键　蒸糯米糊时托盘里需铺保鲜膜后刷油，这样蒸出来好出磨具。

南瓜椰奶冻

主料　椰浆150克　南瓜蓉200克

辅料　雀巢淡奶油50克　牛奶50克　白凉粉20克　椰蓉50克

调料　白兰地5克　白糖100克　明胶片25克

制作流程

1. 把椰浆、淡奶油、牛奶放入锅里烧开，加入白凉粉趁热倒入圆形模具中，放凉后冷藏备用。

2. 将南瓜蓉、白兰地、明胶片、白糖混匀后隔水加热，待明胶片完全融化。

3. 待加热好的南瓜蓉降温变稠时，均匀地浇到椰奶球上，撒上椰蓉即可。

椰香味浓，凉爽细滑。

制作关键

南瓜蓉需待其凉透变稠时浇在椰奶球上，否则不易成形。

姜汁排叉

主料　面粉250克　鸡蛋3个

辅料　姜汁10克　色拉油50克　清水200克

调料　白糖100克　葡萄糖浆50克

制作流程

1. 先将面粉、鸡蛋、姜汁放一起加清水和成面团。
2. 将面团用擀面杖擀成薄薄的面片。
3. 把擀好的面片切成小长方形，两片叠在一起，中间划一条小口，一端从小口中穿过。
4. 把做好的排叉下入六成热油锅中，炸至定形捞出。
5. 清水、白糖、葡萄糖浆熬成糖汁后浇在炸好的排叉上即可。

色泽鲜亮，香甜酥脆。

制作关键　炸制过程中要注意油温，并不停翻动以免上色不均匀。

养生薄皮菠菜团子

主料　细玉米面300克　黄豆面100克　富强粉100克

辅料　清水250克　南瓜蓉50克　胡萝卜50克　花生碎50克

调料　小苏打3克　精盐3克　味精2克　鸡粉5克　香油10克

制作流程

1. 将细玉米面、黄豆面、富强面粉加小苏打混合，过筛备用。

2. 胡萝卜切末，菠菜烫水后入凉水浸泡，切碎后挤水与花生碎、胡萝卜混合搅匀备用。

3. 过筛的混合玉米面加清水、南瓜蓉和成面团，揉匀后分成每个20克的剂子。

4. 混合好的菠菜馅加调料入味，然后分成每个50克的馅料并团成圆球状。

5. 将分好的剂子在手心压薄，包入馅料后放笼屉上蒸12分钟即可。

咸香适口，营养丰富。

制作关键　菠菜调馅前，一定挤干水分；包馅料的剂子要薄厚均匀，以免影响口感和成品形状。

蘑菇包

主料　富强粉500克　莲蓉馅300克

辅料　酵母5克　泡打粉5克　可可粉20克　清水300克

调料　白糖100克

制作流程

1. 将面粉与酵母、泡打粉、白糖加清水200克和成发面团备用。

2. 将莲蓉馅分成每个15克的馅料，同时将可可粉与剩余的100克水调成可可糊备用。

3. 和好的发面分成每个20克的剂子，分别包上馅心并做成蘑菇形状。

4. 做好的蘑菇表面用刷子均匀地刷一层可可糊并放置于通风处吹干。

5. 待蘑菇包饧发吹干后，上火蒸10分钟出锅即可。

口味特点　香甜可口，象形美观。

制作关键　一定要等蘑菇包表面彻底吹干出现花纹才可上火蒸，否则出品不会有花纹。

后记

新“食”代
京菜文化新传承
——贺《精品京味鲁菜》新书面世

阳春三月翻阅《精品京味鲁菜》一书终稿，100道美食图片精美呈现，每一道菜点烹饪制作方法详实，还有大厨制作关键的匠心说明，可谓图文并茂，实属当下厨艺美食之力作。

“见菜如见人”“菜品如人品”，我与主编杜鹏程大师20多年的厨艺交往也历历呈现，他从厨26年如一日，不断学习和进步，不断创新和传承，先后走进法国和美国，每一年、每一次厨艺业绩的提升和突破都令我记忆犹新。

杜鹏程，中餐烹调高级技师，中国烹饪大师，中国十大名厨，全国餐饮业一级评委，中餐职业鉴定高级考评员。他从1992年入厨行，先后在北京京广中心、仙鹤楼美食城、国槐酒店等任专职厨师和厨师长，于2003年4月12日拜亚洲大厨、世界烹饪艺术大师、国际大赛评委屈浩先生为师，2010年3月至今任北京玉林餐饮集团融合菜首席技术总监。

杜鹏程在餐饮一线从厨实战20余年，曾荣获多项荣誉和奖项，足以见证他的厨艺匠心：

2002年6月荣获首都美食技艺大赛热菜金奖、凉菜金奖。

2005年1月荣获“世界之友”杯烹饪艺术大赛特金奖。

2005年5月荣获东方美食国际大奖赛热菜金奖。

2006年7月荣获首都首届搜厨国际烹饪食艺大赛金厨奖。

2009年荣获第六届全国烹饪大赛个人赛热菜金奖。

2009年荣获山西省第五届烹饪技能赛中式烹饪热菜特金奖。

2009年被授予“金牌绿色厨艺大使”称号。

2010年4月荣获时领中国烹饪艺术大赛团体金奖、个人特等奖。

2014年3月被中国烹饪协会授予“中国烹饪大师”称号。

2014年4月被中国烹饪协会（24届厨师节山东烟台）授予中华金厨奖。

2015年4月被中国饭店协会授予中国“十大名厨”荣誉称号。

2015年7月荣获法国巴黎国际杯大赛个人五钻金奖，并代表北京屈浩烹饪学校荣获吉祥如意宴五钻金奖，代表北京玉林餐饮集团荣获福禄寿喜宴五钻金奖。

2015年9月被中国烹饪协会（25届厨师节广东广州）授予中华金厨奖。

2016年3月10日被东方美食授予“烹饪艺术家”荣誉称号。

2016年9月4日被授予“中国十大鲁菜名厨”荣誉称号。

2017年，被北京烹饪协会评为“北京餐饮十大名厨”。

2017年5月，被选派参加“匠心品质，世界共享——中国美食走近联合国，享誉美利坚”烹饪主理。

2018年3月，北京央视梅地亚中心荣登第二届舌尖上的影响力——中国好厨师榜上第一名。

杜鹏程大师本着“传承、匠心、亮德、创新”的精神，先后收徒3次：2015年5月4日收纳第一批弟子；2015年10月20日收纳第二批弟子；2016年10月9日收纳第三批弟子。他的目标是携众弟子为首都的餐饮事业共创美好的明天。

杜鹏程大师先后在CCTV1《天天饮食》栏目、CCTV2《为您服务》栏目、BTV《食全食美》栏目、陕西卫视、黑龙江卫视等多家电视台拍摄美食节目，他还在《中华美食》《中国食品报》《中国烹饪》《东方美食》《中国大厨》《名厨杂志》等多家杂志发表数十篇文章及美食作品。

新“食”代，美食新征程，厨师新担当，感恩各地餐饮同仁不忘“厨”心携手同行。特别感谢京城餐饮管理前辈书法家王文桥先生为本书题写书名，感谢好友梁文军大师对本书美食图片的精心拍摄和对书稿的辛勤付出，祝愿中国好厨师杜鹏程主编本着“烹小鲜若治大国”的执业态度，让所热爱的烹饪工作香飘千家，餐饮事业鹏程万里。

朱永松
中国食文化研究会餐饮文化委员会会长
中国药膳研究会药膳大师、国家级评委
专业人才北京健康餐饮文化培训基地主任
2019年4月

本书主编参加的厨艺文化交流活动

杜鹏程主编与恩师屈浩先生

“师之恩 父之情”屈氏师门拜师纪念日合影

杜鹏程主编与国宝级厨艺大师王义均、王志强在一起

京城资深餐饮管理专家王文桥先生为本书题字

中国美食走近联合国享誉美利坚

参加东方美食“传承、匠心、亮德、创新”交流活动

杜鹏程大师收徒与嘉宾合影

2018年3月北京央视梅地亚中心参加第二届舌尖上的影响力——中国好厨师盛典活动